La *Nueva* Metodología de la Ciencia

UNIVERSITAS

SERGIO H. MENNA

La *Nueva* Metodología de la Ciencia
N. R. Hanson y la lógica de la plausibilidad

Colección *Temática*

Filosofía – Ciencias de la Educación

UNIVERSITAS. Editorial Científica Universitaria de Córdoba

Diseño de Tapa:	Jorge G. Sarmiento
Diseño Interior:	Editorial Universitas. Pje. España 1467. Te/Fax: 4680913. Córdoba. Argentina. Email: univer@cmefcm.uncor.edu
Producción Gráfica:	Editorial Universitas
Autores:	Sergio Menna. Email: sermen@ffyh.unc.edu.ar, sermenn@hotmail.com
Tirada:	500 Ejemplares.

Colección *Temática* – Filosofía-Ciencias de la Educación

La 'Nueva' Metodología de la Ciencia.

© 2020. Primera Edición. Editorial Universitas.

Indice

Introducción

En las primeras décadas del siglo XX, un gupo de filósofos –principalmente, empiristas lógicos y racionalistas críticos– estableció la agenda de los que serían los temas básicos de la filosofía de la ciencia profesional: fundacionalismo, logicismo, demarcacionismo, distinción entre contextos de justificación y descubrimiento, distinción teórico/ observacional, progreso, crecimiento acumulativo del conocimiento y unidad metodológica son los principales. Hasta tal punto este homogéneo conjunto de temas conformó la imagen canónica de la ciencia, que los epistemólogos contemporáneos se refieren al mismo con denominaciones tales como 'esquema recibido' o 'concepción heredada'.

A partir de la segunda mitad del siglo pasado –en algún momento que simbólicamente podemos establecer entre la publicación de «Los dos dogmas del empirismo» de W.V. Quine (1951) y *La estructura de las revoluciones científicas* de T.S. Kuhn (1962)–, filósofos e historiadores de la ciencia coincidieron en una fuerte reacción crítica contra la concepción epistemológica heredada. Esta crítica dió lugar a una 'revolución' o 'rebelión' en los estudios sobre la ciencia, dando inicio a la que hoy es caracterizada como la 'nueva filosofía de la ciencia'.

Dentro del grupo de autores conocidos como 'nuevos filósofos de la ciencia' –o como representantes de la 'filosofía histórica de la ciencia'– podemos mencionar, entre otros, a Kuhn, Lakatos, Feyerabend, Polanyi, Putnam, Toulmin, y, por supuesto, a Norwood Russell Hanson (1924-1967), de quien principalmente me ocuparé aquí.

La historiografía contemporánea reconoció los aportes críticos de Hanson a varios de los temas epistemológicos heredados; fundamental-

1

mente, a su revisión de la distinción teórico/ observacional y a su desafío a la concepción metodológica edificada por autores como Popper, Carnap, Reichenbach, Hempel o Braithwaite, concepción que limitaba al método y –consiguientemente– a la racionalidad de los científicos a la etapa de justificación de hipótesis ya desarrolladas.

En la mayor parte de este trabajo centraré mis análisis en este último aspecto; es decir, en las críticas elaboradas por Hanson a la radical polarización metodológica entre los contextos de justificación y de descubrimiento, y a su consiguiente propuesta de un conjunto de reglas o 'criterios' para retratar un dominio de racionalidad científica mayor que el establecido: la *metodología de la plausibilidad*. Con este propósito, abordaré mi tarea en las siguientes etapas:

En el capítulo (I), 'Hanson y la metodología heredada', con la finalidad de situar la propuesta de Hanson en un contexto histórico, expondré las principales características de la metodología de la ciencia de la primera mitad del siglo XX, y la interpretación de Hanson de esta metodología.

La expresión 'metodología científica' se utiliza habitualmente con diferentes niveles de generalidad, designando tanto a un procedimiento general como a un conjunto de reglas o un conjunto de técnicas. Se entiende a la metodología científica como aludiendo a un *procedimiento general* cuando se la concibe como una estrategia que indica una secuencia de pasos determinada. En este sentido, la expresión 'método hipotético-deductivo' especifica las secuencias de conjeturar, deducir enunciados testeables y testear, y la expresión 'método inductivo' a la secuencia de hacer observaciones y generalizar. En otras ocasiones, la expresión 'metodología científica' se emplea para precisar qué *reglas* se deben utilizar en cada una de las secuencias del procedimiento mencionado. (El 'método inductivo', por ejemplo, está conformado por diferentes clases de reglas: eliminativas, enumerativas, etcétera). Por último, con la expresión 'metodología científica' también se indica cómo aplicar una regla en una disciplina específica, y es en este contexto que designa a una *técnica*. Un astrónomo, por ejemplo, observa de modo muy diferente que un químico o un antropólogo, razón por la cual una regla que indique 'testear una hipótesis para su aceptación' debe ir acompañada con indicaciones específicas cuando se la pretenda aplicar en disciplinas diferentes.

En este trabajo utilizaré la expresión 'metodología científica' en los dos primeros niveles de generalidad, designando un procedimiento cuando me refiera genéricamente a una metodología en particular, y especificando un conjunto de reglas cuando me ocupe de su estructura.

Por otro lado, téngase en cuenta también que al hablar de 'regla' no aludo necesariamente a la aplicación de una *sola* regla aislada. La 'regla de abducción', por ejemplo, es un *esquema* compuesto de *varias* reglas o criterios —simplicidad, coherencia, analogía, etc.—, que evalúa la preferencia de una hipótesis explicativa sobre otra u otras hipótesis. Mi uso del término 'regla', entonces, abarca tanto al concepto de regla inferencial individual como al de 'esquema' inferencial o conjunto de reglas.

El objetivo principal de este capítulo será el de describir el *sentido* de las inferencias de las metodologías hipotético-deductiva e inductiva, a fin de contrastarlas con la inferencia *de* datos *a* hipótesis que propondrá Hanson.

En el capítulo (II), 'la abducción y el problema del descubrimiento', trataré de indicar que la abducción, esquema inferencial propuesto por Hanson, es una metodología *de la plausibilidad* y no —tal como defienden algunos críticos— una metodología del descubrimiento o de la invención. Es decir, defenderé que Hanson propuso un conjunto de criterios para *evaluar* la plausibilidad de hipótesis ya descubiertas y no a un conjunto de criterios o una 'máquina' para hacer descubrimientos o generar nuevas hipótesis.

Con el fin de caracterizar a la noción de abducción, clave para presentar a la metodología de la plausibilidad, en el punto (2) me ocuparé de la noción de abducción dada por Peirce, directo predecesor de Hanson. Peirce, como veremos, retrotrae la idea de abducción a los *Primeros analíticos* (II.25) de Aristóteles. De acuerdo a este autor, Aristóteles, además de estudiar a la inferencia *deductiva* y a la inferencia *inductiva*, (al parecer) caracterizó a una tercer clase de inferencia, la *'apagogé'*, término que Peirce tradujo como 'abducción' (*abduction*) ajustándose a la traducción latina de Julius Pacius, *abductio*. Básicamente, la distinción entre inducción y abducción reside en que mientras la primera es una inferencia de lo particular a lo general, la segunda es una inferencia de efectos a causas; dicho en términos contemporáneos, de fenómenos a explicar a hipótesis explicativas que (generalmente) contienen términos teóricos.

En el punto (3) realizaré un análisis del concepto de abducción en la obra de Hanson, donde la caracterizaré como un conjunto de criterios *no*-empíricos que permite ponderar el poder explicativo de una hipótesis *antes* de su contrastación empírica. Allí indicaré que aunque Hanson utilizó habitualmente la expresión 'lógica del descubrimiento', él no empleó el término 'lógica' en un sentido logicista, sino como un sinónimo de 'metodología', y no utilizó el término 'descubrimiento' designando a procesos de generación, invención o creación, sino a aspectos evaluativos previos a los de justificación; es decir, a juicios de plausibilidad.

Es importante señalar aquí que en su obra madura Hanson revisará la noción abductiva de inferencia ampliativa proponiendo la noción de *retroducción*, noción que designará a un esquema inferencial para evaluar hipótesis *generales* o hipótesis *de trabajo*. Debido a que la caracterización de las nociones de 'inferencia *de* datos *a* hipótesis' y de 'contexto de plausibilidad' requiere trazar la distinción 'descubrimiento/ plausibilidad' y la distinción 'plausibilidad/ justificación' –distinciones independientes de la distinción 'abducción/ retroducción'– por razones de simplicidad tomo la decisión expositiva de introducir la noción de 'retroducción' recién en el capítulo (IV).

En el capítulo (III), 'la abducción y el problema de la justificación', me ocuparé de caracterizar la distinción 'plausibilidad/ justificación', y trataré de mostrar que los criterios no-empíricos y la evidencia problemática conforman una *base de inferencia* en el contexto de plausibilidad (es decir, que son los elementos que permiten adoptar una hipótesis en ese contexto), del mismo modo que la experimentación y el testeo consecuencialista de nueva evidencia conforma una base de inferencia en el contexto de justificación.

En particular, en el punto (2) argumentaré contra las críticas que afirman que los criterios de plausibilidad no tienen valor epistémico y contra las críticas que, concediéndoles esta clase de valor, los hacen parte integral del proceso de justificación. También, contra los críticos que niegan valor epistémico a la evidencia problemática. A partir de estos argumentos, defenderé que la distinción 'plausibilidad/justificación' es legítima, y que puede ser trazada mediante la consideración de los dos elementos siguientes: la *clase de evidencia* que cada esquema inferencial considera (la *'vieja'* y la *'nueva'* evidencia), y la *clase de criterios* que cada esquema inferencial incorpora para su evaluación (criterios *no*-empíricos y criterios empíricos *consecuencialistas*). En el próximo capítulo, fortaleceré la distinción 'plausibilidad/justificación' trazada a partir de los dos elementos mencionados, incorporando a la misma el criterio de *grado de generalidad* de la hipótesis evaluada.

En el capítulo (IV), 'N.R. Hanson y la retroducción', me propongo presentar en detalle los principales rasgos de la metodología de la plausibilidad de Hanson. Tal como intentaré mostrar en el punto (2), mientras las metodologías de la justificación evalúan hipótesis *completamente articuladas*, la metodología de la plausibilidad se sitúa en un estadio temporal y epistémicamente anterior, posibilitando la evaluación de hipótesis *en estadios primitivos* de su conformación. Trataré de desplegar esta diferencia entre hipótesis de diferente grado de generalidad desarrollando la distinción entre 'hipótesis *general*' e 'hipótesis *particular*' ofrecida por Hanson en su obra madura, e ilustrando esta distinción mediante la reconstrucción retroductiva del proceso de construcción de la hipótesis sobre la forma de la órbita elíptica de Marte realizado por Kepler. Esta concepción, que concede a la dinámica científica una estructura histórica y la posibilidad de ofrecer una reconstrucción racional de diferentes estadios de la misma es, a mi entender, *la principal contribución de Hanson a la metodología de la ciencia.*

En el punto (3) trataré de defender que los criterios de plausibilidad utilizados por Hanson tienen un *status* lógico y que por lo están legitimados para formar parte de la metodología de la ciencia. Argumentaré, sin embargo, en contra de la fundamentación logicista propuesta por este autor, exhibiendo los problemas del logicismo y las virtudes del naturalismo débil para legitimar a los criterios no-empíricos.

En el capítulo (V), 'La metodología de la plausibilidad en el proceso de investigación', mediante la formulación de ejemplos analizaré a la metodología de la plausibilidad dentro del *continuum* de investigación científica, a fin de evaluar si los criterios no-empíricos pueden conformar una instancia de evaluación *independiente* de la de justificación; en síntesis, trataré de determinar si existe una metodología de la plausibilidad *autónoma*. Por último, definiré el rol de esta metodología en la metodología de la investigación, indicaré su posible articulación con las metodologías justificacionistas, y mostraré mediante el análisis de nuevos ejemplos que el proyecto plausibilista es altamente plausible y necesario.

Teniendo en cuenta que este trabajo de investigación tiene como objetivos exponer, explicitar, analizar, ejemplificar y perfeccionar las contribuciones de uno de los principales exponentes de la 'nueva filosofía de la ciencia' a la metodología de la investigación científica, considero a los resultados del mismo una contribución a lo que podríamos denominar una *'nueva metodología de la ciencia'.*

El presente texto es una versión reducida y revisada de una Tesis de Maestría defendida en el Departamento de Filosofía del Instituto de

Filosofía y Ciencias Humanas de la Universidad Estadual de Campinas, UNICAMP. Aprovecho la oportunidad de su publicación para agradecer a Silvio Chibeni, Alfredo Marcos, Roberto Martins, Víctor Rodríguez, Maria Eunice Quilici Gonzales, José Oscar Marques, José Carlos Pinto de Oliveira, Alberto Cupani, Kelen Jacomino, Ana Testa, Gustavo Agüero, Darío Tosoroni y Luis Salvático, quienes contribuyeron con críticas, sugerencias y apoyo logístico a la redacción de la misma.

I

Hanson y la metodología heredada

1. Introducción

La propuesta metodológica de Hanson debe ser considerada dentro del contexto histórico en el que fue formulada. Como ya indiqué, este autor –uno de los principales representantes de lo que muchos autores caracterizan como 'la nueva filosofía de la ciencia' (cfr., p.ej., Brown 1984:I)– desarrolló su obra en el marco de una crítica general a la filosofía de la ciencia reinante en su época; es decir, a la concepción filosófica que más tarde fue conocida como 'concepción heredada'. Los autores de esta 'concepción' –entre quienes se destacan los nombres de Popper, Hempel, Carnap y Reichenbach– dictaron las pautas científicas que imperarían durante la primera mitad del siglo XX. Entre las más relevantes, pueden subrayarse las pautas metodológicas que determinan una rígida demarcación entre un contexto de justificación –único dominio de racionalidad– y un contexto de descubrimiento que sólo es factible de análisis empírico.

El objetivo de este capítulo es presentar los rasgos básicos de la metodología a la que se opone Hanson, y dar cuenta del modo en el que esta concepción permitía caracterizar a los contextos de la práctica científica.

A tal fin, como introducción histórica, en el punto (2) analizaré a la metodología inductiva y a la metodología hipotético-deductiva. En lo que respecta a la primera de las metodologías mencionadas, mediante la presentación de una breve reseña histórica trataré de mostrar el radical cambio que ésta sufrió hacia fines del siglo XIX. En particular, mostraré que en esa época la metodología inductiva dejó de ser considerada como un conjunto de reglas (generativistas) de descubrimiento para pasar a ser considerada como un conjunto de reglas (consecuencialistas) de evaluación.

En lo que respecta a la metodología hipotético-deductiva, subrayaré las características consecuencialistas del esquema inferencial que ésta presenta. En particular, enfatizaré el rol del testeo positivo en el proceso de justificación, y el importante peso epistémico concedido a la 'nueva' evidencia en este proceso. La incorporación de todos estos conceptos, será esencial para poder caracterizar, por contraste, a la propuesta metodológica de Hanson.

En el punto (3) analizaré el modo en que estas metodologías demarcaron a la actividad científica, y caracterizaré en detalle a los contextos de descubrimiento y de justificación. Además, introduciré las distinciones entre los conceptos de descriptividad y normatividad, y caracterizaré a la lógica del descubrimiento y a la lógica de la justificación.

Por último, en el punto (4), formularé algunos comentarios respecto a las críticas de Hanson a las metodologías nombradas, y daré una primera presentación de la 'nueva' metodología de Hanson a partir de los elementos conceptuales introducidos en este capítulo.

Con denominaciones tales como 'esquema recibido' o 'concepción heredada' autores como Suppe y Putnam han designado al legado epistemológico y metodológico de filósofos como Hempel, Carnap, Braithwaite, etc. Es tema de debate si un hipotético-deductivista como Popper puede ser incluido en este grupo. Meyer y Hoyningen-Huene, por ejemplo, no establecen mayores distinciones entre él y Carnap o Hempel, denominándolos a todos 'positivistas'. En contraposición, otros autores –entre los que se incluye el mismo Popper– intentan argumentar a favor de la distinción entre las concepciones de Popper y los demás autores mencionados. En un tono más conciliador, Hacking observa diferencias entre estos pensadores, pero subraya las grandes semejanzas existentes en sus afirmaciones. Independientemente de estas posiciones, entendiendo que *respecto a la metodología* las opiniones de (el primer) Popper coinciden en todo con las de los empiristas y positivistas lógicos, en este trabajo utilizaré la expresión 'concepción metodológica heredada' ('*CMH*') sin distinción para referirme a los filósofos mencionados y, por extensión, a aquellos autores contemporáneos que adoptan los lineamientos básicos de esta concepción.

2. La metodología heredada

La idea básica defendida por Hanson en todos sus escritos es que *la investigación científica racional no se reduce al estadio de justificación de hipótesis*. Esta idea es la que guía sus críticas al método 'inductivo' y al método 'hipotético-deductivo' tanto como a su propuesta de la abducción como una 'lógica' o una 'metodología' de la plausibilidad.

A continuación, haré algunas breves consideraciones históricas de los métodos revisados por Hanson, y subrayaré los rasgos centrales de sus críticas a los mismos.

2.1. La metodología inductiva

La metodología inductiva tiene una larga historia. En sus orígenes, estuvo estrechamente relacionada con la empresa de construir una 'lógica', '*organum*' o 'método' de descubrimiento. Aunque este *ideal* estuvo en el corazón de la epistemología desde la antigüedad, fue sólo hacia fines del siglo XVI que la confluencia de varios factores hicieron posible concebirlo como realizable. Podemos mencionar como factores relevantes el éxito de los métodos formales griegos en resolver muchos problemas matemáticos y el fortalecimiento de la idea renacentista de que el saber se construye y no sólo se reproduce. Así, a comienzos del siglo XVII muchos autores intentan dar reglas para una metodología *inductiva* del descubrimiento; específicamente, una metodología inductiva *mecánica*. Bacon, Descartes y Leibniz son, por supuesto, los más emblemáticos de este período.

La motivación de estos autores para encontrar o construir un método inductivo con esas características era doble: *heurística* y *epistémica*. Este sentido dual de la metodología inductivista de la modernidad es una herencia de la distinción medieval (o quizá griega) entre un *orden del descubrimiento* o la invención, y un *orden del juicio* o la demostración. El primero era el orden del *'ascenso' cognitivo*; el segundo, del *'descenso' cognitivo*. El primero servía para alcanzar una afirmación que *no* se conocía; el segundo para establecer como cierta una afirmación ya descubierta pero *que se poseía de modo imperfecto*. (Descendiente directo de las distinciones mencionadas es la más sofisticada distinción entre un *contexto de descubrimiento* y un *contexto de justificación* empleada por filósofos-metodólogos como Carnap, Reichenbach y Popper (me ocuparé de ella en el próximo apartado)).

La motivación heurística, es decir, inventiva o generativa, era la de resolver el problema del *crecimiento* del conocimiento; es decir, la de encontrar reglas que permitieran construir hipótesis a partir de la evidencia disponible. La motivación epistémica era la de resolver el problema de los *fundamentos* del conocimiento alcanzado; en otras palabras, la de encontrar reglas que permitieran garantizar la verdad de las hipótesis construidas, que mostraran que éstas son 'científicas'.

De ambas motivaciones, la *principal* era la epistémica: una metodología inductiva del descubrimiento debía funcionar como una metodología *generativista* de la justificación; es decir, debía determinar las condiciones de las inferencias *de datos a* hipótesis; en otras palabras, mostrar que el paso constructivo estaba legitimado. Los autores inductivistas anteriormente mencionados reconocían la distinción entre procesos de descubrimiento y procesos de justificación, pero entendían que un método de descubrimiento *infalible*, al autenticar automáticamente sus productos, tornaba innecesario y redundante a cualquier otro método de justificación.

Como podemos apreciar, el método inductivo clásico tenía en realidad un único contexto de investigación y reglas de una sola clase, las que cumplían simultáneamente funciones de descubrimiento *y* de justificación. Bacon, en este mismo sentido, afirma su intención de dar una «inducción para el descubrimiento *y* la demostración en las ciencias y las artes» ([1620]:I.55; el subrayado es mío). Complementando esta imagen dual de la metodología de la Revolución Científica del siglo XVII, recordemos que el título completo del *Discurso* de Descartes era el de *Discurso sobre el método de conducir correctamente la razón y buscar la verdad en las ciencias*1.

Es muy fácil exhibir el *rol dual* (es decir, generativo y justificativo) de la metodología inductiva. La regla de inducción simple, por ejemplo, puede tener la siguiente forma:

> *Inferir* que todos los A son B a partir del hecho de que todos los A observados han sido B (y ningún A ha sido no-B).

---

1. A fin de ser históricamente precisos debemos tener en cuenta que, en el *Discurso*, Descartes no se limita a dar un método deductivo de ciencia tal como lo concibe la caracterización racionalista (para una versión radical de esta caracterización, cfr., p.ej., Olscamp 1965). En la regla V, por ejemplo, Descartes condena a aquellos que, «descuidando la experiencia, creen que la verdad saldrá de su propio cerebro como Minerva de la cabeza de Zeus». Como bien señala Clarke ([1982]:III), en muchos pasajes de su obra Descartes utiliza el término 'deducción' para referirse a *cualquier* clase de inferencia, incluso a aquellas que hoy llamamos *inductivas*. En las reglas XII y XIII del *Discurso*, por ejemplo, Descartes describe el descubrimiento de la naturaleza del magnetismo en etapas prácticamente baconianas; es decir, 'típicamente' inductivas.

Atendiendo a su rol *justificativo*, esta clase de regla de inferencia permite aceptar el enunciado universal mencionado2. Se trata, *primariamente*, de una instancia *evaluativa*. En esto, precisamente, radica el rol normativo de las reglas de la metodología.

Analicemos ahora el rol *inventivo*, *generativo* o *heurístico* de esta clase de procedimientos inductivos. La inducción enumerativa, efectivamente, permite dar un 'paso inductivo' generativista; es decir, posibilita proyectar enunciados universales sobre la base de una experiencia uniforme, y en este sentido podemos decir que es generativa. Este es el modo en que la interpretan la mayoría de los autores:

> «¿Cómo arriba un físico a una ley *empírica*?» –se pregunta, p.ej.,, Carnap (1966:228)– «Observa ciertos eventos en la naturaleza, advierte cierta regularidad, y describe esta regularidad haciendo una *generalización inductiva*».

Observemos, sin embargo, que el poder de 'generación' de esta regla de generalización es bastante limitado, porque el único trabajo creativo presente en la inferencia es el de establecer o percibir la correlación o conjunción entre *A*'s y *B*'s (y éste no es un trabajo realizado por la regla enumerativa), y porque la regla meramente cuantifica las afirmaciones observacionales particulares. Tal como varios autores contemporáneos acertadamente han afirmado, en estos casos «el elemento de descubrimiento desaparece», porque el enunciado general se sigue casi de modo directo de la observación de una regularidad (cfr., por ejemplo, von Wright 1957:59).

---

2. En una metodología infalibilista como la del siglo XVII, esto significaba 'verificarlo'; en nuestra metodología contemporánea, eso sólo puede significar 'estimar su probabilidad'.

Período histórico	*Orden del descubrimiento*	*Orden del Juicio*
Período medieval	*Ascenso falible* Heurísticas	*Descenso ¿infalible?*
Período moderno	*Ascenso* Inferencia	*Infalible (ideal)* Inductiva baconiana

Fig. 1: El orden del descubrimiento y el orden del juicio I

Hacia mediados del siglo XIX el interés en la inducción generativista comenzó a decaer. Esto se debió, entre otros factores, a un *cambio de objetivo* en la empresa científica; específicamente, el que llevó de la búsqueda de hipótesis empíricas a la búsqueda de hipótesis *teóricas* (cfr. Laudan 1980/1). A pesar de que en épocas anteriores se formularon importantes hipótesis teóricas, es a partir de este siglo en que la ciencia se vuelve más especulativa y las hipótesis pasan a ser consideradas constructos conjeturales, o, para utilizar una expresión de Herschel, uno de los principales metodólogos decimonónicos, «criaturas de la razón» (cfr. [1833]:150).

Las hipótesis teóricas difieren de las generalizaciones empíricas en el hecho de que sirven para *explicar* fenómenos y generalizaciones, y a este fin postulan la existencia de inobservables[3]. Es por este motivo que no pueden ser descubiertas a partir de la experiencia directa, ya que, obviamente, esos inobservables no se encuentran por observación ni son generalizaciones de observaciones. Hipótesis teóricas como la de la «estructura del ADN», dice por ejemplo Laudan, «involucran entidades

---

3. Para la distinción entre hipótesis empíricas e hipótesis teóricas, cfr., p.ej., von Wright (1957), Bunge (1960), Pera (1980) y McLaughlin (1982). Esta distinción suele ser planteada en los términos 'hipótesis fenoménicas'/ 'hipótesis constructivas'. Esta denominación es más adecuada, ya que la otra oposición parece sugerir que sólo hay teoría en el segundo nivel. Realizada esta aclaración, dado que el debate del que me estoy ocupando se planteó en los términos ya definidos, continuo utilizándolos.

teóricas y procesos que, *inferencialmente, están muy alejados de los datos que explican*» (1980/1:185; las cursivas son mías).

Carnap tiene apreciaciones críticas parecidas:

> «¿Cómo pueden ser descubiertas las leyes *teóricas*? No podemos decir "recolectemos más y más datos, y luego generalicémoslos más allá de las leyes empíricas hasta alcanzar leyes teóricas". Ninguna ley teórica fue jamás alcanzada de esa manera. ...[U]n término [como] 'molécula' no surge como resultado de observaciones. Por esta razón, ninguna generalización a partir de observaciones producirá una teoría de los procesos moleculares» (1966:230).

Las críticas de Hanson se suman a esta clase de críticas de la metodología inductiva generativista. Según él, la metodología inductiva sugiere, erróneamente, que la hipótesis adoptada en una inferencia es un resumen o una generalización de los datos, pero ésta es algo más, es una *explicación* de los mismos (cfr. 1958a:IV). «La razón por la cual un prisma muestra el espectro de la luz blanca no se explica diciendo que todos los prismas lo muestran», sostiene Hanson (1958a:71). Investigar, concluye, es *más* que sólo agrupar datos.

La metodología inductiva generativista, por supuesto, no fue abandonada en la metodología contemporánea, pero su alcance se vio limitado a las hipótesis empíricas (la principal excepción es Popper, quien niega el rol de las inferencias inductivas en los procesos de descubrimiento y/o justificación tanto de hipótesis empíricas como de hipótesis teóricas). Para dar una versión explicativa de las inferencias utilizadas para adoptar hipótesis teóricas, los epistemólogos de la primera mitad del siglo XX abandonaron el estudio de las reglas de justificación generativistas y desarrollaron sofisticadas teorías para determinar las condiciones en que una hipótesis puede ser justificada por sus *consecuencias* observacionales. Einstein caracteriza adecuadamente a este radical cambio metodológico: «los métodos inductivos apropiados para la juventud de la ciencia comienzan a dar lugar a la deducción tentativa [consecuencialista]» ([1934]:282). Independientemente de sus nombres y características particulares –hipotético-deductivismo hempeliano, implicación parcial carnapiana, subjetivismo bayesiano, probabilismo reichenbachiano–, todas las nuevas teorías de la justificación tienen una estructura muy similar. En ellas, el paso inferencial no consiste en la derivación de una hipótesis teórica a partir de los datos (ya que estipulan que las hipótesis de esta clase son conjeturadas; es decir, inventadas o postuladas), sino en la justificación o estimación de su valor a partir del testeo de los enunciados particulares observacionales deducidos de ella.

Este cambio de sentido de la inferencia inductiva –esta *inversión metodológica* de la metodología de la inducción– está claramente enunciada en los principales autores hipotetistas y positivistas. Hempel ([1966]:31-7), por ejemplo, sostiene (cito sus comentarios en extensión porque encierran la mayor parte de los conceptos tratados aquí):

> «La inducción suele ser concebida como un método que, por medio de reglas aplicables mecánicamente, nos conduce de los hechos observados a los correspondientes principios generales. De ser esto posible, las reglas de la inferencia inductiva proporcionarían cánones efectivos de descubrimiento científico... Pero podemos estar seguros que ninguna regla mecánica conseguirá esto... El descubrimiento de teoremas matemáticos importantes, al igual que el descubrimiento de teorías importantes en la ciencia empírica, requiere habilidad creativa; exige capacidad imaginativa para hacer conjeturas... Así, pues, al conocimiento no se llega aplicando un procedimiento inductivo de inferencia a datos recogidos con anterioridad, sino más bien mediante el llamado 'método de hipótesis'; es decir, inventando hipótesis a título de intentos de respuesta a un problema de estudio, y sometiéndolas luego a contrastación empírica. ...Por lo tanto, aunque la investigación científica no es inductiva en el *sentido restringido* que hemos examinado, se puede decir que es inductiva en un *sentido más amplio*, en la medida en que supone la aceptación de hipótesis sobre

la base de datos que no la hacen deductivamente concluyentes, sino que sólo les proporcionan un 'apoyo inductivo' más o menos fuerte, un mayor o menor grado de confirmación. Las 'reglas de inducción' han de ser concebidas, en cualquier caso, por analogía con las reglas de deducción, como cánones de validación más que de descubrimiento».

Las apreciaciones de Carnap son similares: «algunos autores han llegado al extremo de definir la inducción como una clase de inferencia no deductiva que *conduce* a leyes» –afirma en su ([1950]:141), aludiendo a inductivistas generativistas como Bacon. Y agrega: nosotros concebimos la lógica inductiva en «un *sentido mucho más amplio*», como un conjunto de reglas para juzgar teorías *ya dadas* sobre la base de la evidencia (cfr. [1950]:141). Para Carnap, como para cualquier HD, las teorías ya están 'dadas' porque no surgen de un proceso lógico de inducción constructiva sino de un evento (acto, proceso) psicológico de inspiración, imaginación, intuición, etcétera. En sus propias palabras: las hipótesis teóricas «no [surgen] como una generalización de hechos sino como una *hipótesis*» (1966:230).

Aquí, Carnap y Hempel subrayan una distinción entre una inducción moderna 'generativista' o 'restringida', a la que entienden que no existe (para hipótesis teóricas), y una inducción (evaluativa) 'consecuencialista', 'amplia' o 'confirmacionista', única clase de inducción que considerarán 'lógica' y consecuentemente adoptarán.

En la figura 2 intento confrontar a la inferencia inductiva generativista (ig) y la inferencia inductiva consecuencialista (ic). Sus diferencias, como indiqué, son muchas. La primera se utiliza para hipótesis empíricas (*HE*), la segunda para hipótesis teóricas (*HT*); la primera se apoya en la evidencia *a priori*; es decir, en la evidencia disponible al momento de hacer la generalización y enunciar la ley empírica, la segunda se apoya en la evidencia *a posteriori*; es decir, en la evidencia que se obtiene deduciendo consecuencias observacionales de una hipótesis teórica.

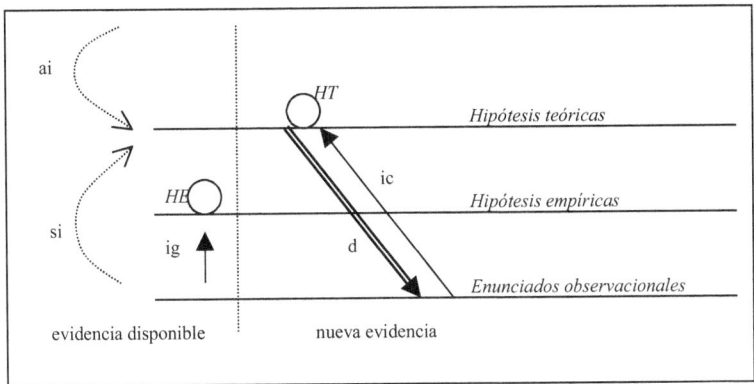

Fig. 2:   La inferencia inductiva generativista y la inferencia inductiva consecuencialista

Una diferencia fundamental es que mientras la primer clase de inferencia inductiva, la generativista, puede ser empleada *tanto* para descubrir como para justificar (el 'paso inductivo'), la segunda clase de inferencia inductiva *sólo* es empleada para justificar hipótesis teóricas, ya que (de acuerdo a los autores de la CMH) esta clase de hipótesis es conjeturada; para decirlo de modo figurado: es producto de un 'acto imaginativo' (ai) o de un 'salto intuitivo' (si). *En ambos casos*, no obstante, la dirección de la inferencia es *de* evidencia *a* hipótesis (aunque la *clase* de evidencia que se considera es diferente), con la marcada diferencia de que la inducción consecuencialista está precedida por un proceso deductivo *de* hipótesis *a* evidencia (d).

Esta concepción de inferencia inductiva, restringida a la función de evaluación, no nos debe sorprender. En lógica, cuando decimos que la (regla de) inferencia deductiva permite hacer una inferencia de lo general a lo particular, no queremos decir que funciona como una regla de descubrimiento del enunciado particular deducido, sino, sólo, que lo permite justificar. Lo mismo podemos decir de la inferencia deductiva cuando opera dentro de un proceso metodológico: allí la deducción permite hacer una inferencia *de* hipótesis dadas *a* enunciados particulares de observación; es decir, permite *evaluar* el valor del enunciado deducido a partir del contenido de la hipótesis, pero no *generar* ese enunciado. Hay creatividad en la tarea de extraer un enunciado confirmativo, corroborativo o crucial particular.

Como podemos apreciar, la concepción contemporánea de metodología inductiva; es decir, como método de evaluación consecuencialista de una hipótesis conjeturada, *forma parte* del 'método hipotético-deductivo'. Con el fin de precisar más esta relación, paso a caracterizar brevemente al 'método de hipótesis' o 'método hipotético-deductivo'.

2.2. El método hipotético-deductivo

En ocasiones, las expresiones 'método de hipótesis' y 'método hipotético-deductivo' se utilizan indistintamente para designar a la misma clase de procesos metodológicos. Sin embargo, como toda expresión con una larga y debatida historia, 'método de hipótesis' suele usarse con diferentes sentidos. (a) Como 'método' de generación, aludiendo simplemente a la prescripción "haga hipótesis" (cfr., *supra*, Hempel); (b) *incluyendo* una fase de prueba deductiva, como abreviación de 'método hipotético-deductivo' (cfr., por ejemplo, Achinstein 1985), o (c) *sólo* como método de aceptación (cfr., por ejemplo, Barker (1957:153): «el método de hipótesis consiste en deducir consecuencias a partir de una hipótesis y verificarlas»[4]. En este trabajo reservaré la expresión 'método de hipótesis' para el sentido generativista, y utilizaré la expresión 'método hipotético-deductivo' para abarcar a su complemento metodológico de testeo.

---

4. Popper, en su ([1934]:I), priorizando este aspecto evaluativo también lo denomina 'método deductivo'.

Antes de analizar con algún detalle al método hipotético-deductivo, es importante hacer unas breves consideraciones históricas. Este método también era conocido desde la antigüedad. Hasta el Renacimiento, por ejemplo, el término 'hipótesis' designaba una 'ficción' o un 'instrumento' conceptual. Esta concepción era habitual en la astronomía medieval, en donde sólo importaba que una 'hipótesis' describiera adecuadamente las apariencias (cfr. Lalande [1929]).

A partir del siglo XVII, sin embargo, surge la idea de hipótesis como 'conjetura' a ser *demostrada por sus consecuencias*. 'Hipótesis', al igual que 'conjetura', es un término que alude tanto al *origen* (no-metodológico) como al *valor epistémico* (no-justificado) de una afirmación teórica. Así, en el contexto de descubrimiento se denomina 'hipótesis' a una afirmación teórica que ha sido introducida sin método alguno; en el de justificación, a una afirmación teórica de la que se carece de información epistémica. Una 'hipótesis', según los defensores del 'método de hipótesis', se introduce por azar, suerte, intuición, imaginación, etc., razón por la cual su *status* epistémico es desconocido hasta tanto no sea sometida a testeo a partir de sus consecuencias.

Esta metodología no fue valorada en su momento porque el hombre del siglo XVII buscaba conocimiento infalible, y el testeo empírico *post hoc* de hipótesis es epistémicamente inconcluyente (argumentar desde la verdad de la consecuencia de una hipótesis a la verdad de la hipótesis misma es una falacia lógica –la llamada 'falacia de la afirmación del consecuente')[5]. Lo importante aquí es subrayar que desde el siglo XVII a

---

5. A fin de no ignorar la realidad de la época, debemos subrayar que los autores del siglo XVII *buscaban* conocimiento infalible, lo cual no implica que lo hayan encontrado. De hecho, la mayoría de ellos trató con imprecisas categorías epistémicas intermedias como las de 'probabilidad' o 'certeza moral'. De todos modos, la búsqueda de certeza epistémica fue tanto un principio históricamente activo como un ideal *explícito* por parte de estos autores. La historiografía contemporánea ha captado esto adecuadamente al hablar, por ejemplo, de un *ideal cartesiano* (cfr. Albert 1979), de un

nuestros días se considera que una 'hipótesis' o 'conjetura' es o verdadera o falsa –independientemente de la posibilidad de determinar su valor de verdad.

Veamos una típica formulación contemporánea del *método hipotético-deductivo* ('*HD*'):

> «En general, buscamos una nueva [hipótesis] mediante el siguiente proceso: primero, *conjeturamos*. Luego *[deducimos] las consecuencias de la conjetura* para ver qué podría implicarse si la [hipótesis] conjeturada es correcta. Por último, *comparamos los resultados de la [deducción] con la naturaleza mediante experimentos o experiencias* para ver si funcionan. Si éstos no concuerdan con los experimentos, [la hipótesis] es errónea. En esta simple enunciación se encuentra la clave de la ciencia» (Feynman 1965:156; las itálicas son mías).

Aquí puede ser importante que nos detengamos en el contenido de *los resultados de la deducción* del proceso HD mencionado por Feynman. Éstos están directamente relacionados a los conceptos de 'explicación' y 'predicción', conceptos claves en el esquema HD.

Para muchos científicos y filósofos, los términos 'explicación' y 'predicción' son sinónimos o intercambiables. En ocasiones, el término 'predicción' se emplea para designar la deducción de hechos *previamente* conocidos, es decir, la 'explicación' de los mismos (cfr. Margeneau 1950:105). Hempel, el ejemplo paradigmático, subsume a estos términos bajo la noción de 'poder sistemático'. Para este autor, dado que la deducción es una relación *estrictamente lógica*, 'predicción' no alude excluyentemente a enunciados sobre eventos futuros, sino que abarca indistintamente a eventos presentes y pasados. Para él, explicación y predicción son inferencias (deductivas) *simétricas*. Predecir x es explicar x antes

---

ideal baconiano (cfr. Watkins 1984:&4) o de un *ideal leibniziano* de ciencia (cfr. Laudan 1984).

de que ocurra; explicar *x* es predecir *x* después de que haya acontecido. En términos del propio Hempel (1965:279):

> «La deducción se llamará *explicación o predicción* de acuerdo a si en el momento de realizarla se sabe o no si los datos deducidos ya han ocurrido» (el subrayado es mío).

Como se ha mostrado en diversas críticas, la mencionada simetría no se sostiene: hay predicciones sin las explicaciones subsecuentes, explicaciones sin las predicciones correspondientes, etcétera. Hanson dedicará todo su largo y elaborado ([1973]) a narrar «la historia de la teoría planetaria como interacción de predicciones *sans* explicaciones y explicaciones *sans* predicciones» (p. 14; itálicas en el original).

Quiero detenerme en algunas afirmaciones de Hempel a fin de introducir la distinción entre los conceptos de 'acomodación' y 'predicción', distinción que nos será de utilidad a lo largo del trabajo. Dice este autor:

> «Una parte de la contrastación consistirá en ver si la hipótesis está confirmada por cuantos datos relevantes hayan podido ser obtenidos antes de su formulación; una hipótesis aceptable tendrá que *acomodarse* a los datos relevantes con que ya se contaba. Otra parte de la contrastación consistirá en [*predecir*] nuevas implicaciones contrastadoras, *y en comprobarlas* mediante oportunas observaciones o experiencias» ([1966]:36; las itálicas son mías).

Utilizando términos empleados por Hempel, me gustaría distinguir tres requisitos que se tienen en cuenta para la contrastación; es decir, para la justificación de hipótesis:

i. *Requisito de acomodación*: las hipótesis deben dar cuenta de los fenómenos *problemáticos*.

ii. *Requisito de predicción*: las hipótesis, además de acomodar los fenómenos dados, deben tener *nuevas* consecuencias testeables.

iii. *Requisito de éxito empírico*: las predicciones deben superar con éxito el *testeo* observacional y experimental.

El primero de los requisitos mencionados, el de acomodación, será clave para comprender la propuesta metodológica de Hanson y de Peirce cuando estos autores nos digan que la abducción permite adoptar una hipótesis «en función de la explicación *de hechos conocidos* que ésta nos ofrece». El nuevo término adoptado, 'acomodación', evita los problemas que surgen con el término 'explicación', utilizado, como vimos, por diferentes autores con diferente sentido.

El segundo de los requisitos, el de predicción, sólo señala una condición potencial que deben cumplir las hipótesis, y no exige necesariamente su actualización. Tal como veremos, aquí se detendrá la abducción de Peirce y Hanson.

El tercero de los requisitos es considerado por los justificacionistas como un requisito necesario, y *en continuidad* con el segundo: predecir y comprobar; derivar y testear; deducir y contrastar, etcétera. El siguiente comentario de Duhem nos ofrece una excelente síntesis del poder que los justificacionistas conceden a este requisito:

«Cuando se realiza el experimento, y éste confirma las predicciones obtenidas de nuestra teoría, nos sentimos *fortalecidos* en nuestra convicción» ([1906]:28).

Sobre la base de estas y otras enunciaciones HD similares (cfr., por ejemplo, Agassi 1964), podemos esquematizar la secuencia metodológica HD del siguiente modo:

(0) Dado un conjunto de fenómenos problemáticos, conjeturar una hipótesis para intentar explicarlos

(1) Explicitar la hipótesis conjeturada

(2) Deducir (acomodar) los fenómenos dados6

(3) Deducir (predecir) nuevos fenómenos

(4) Determinar por observación si las predicciones son verdaderas o falsas

    (4.1) Si las predicciones son falsas la hipótesis es disconfirmada o falsada

    (4.2) Si las predicciones son verdaderas, se considera inductivamente (o corroborativamente) si la hipótesis puede ser aceptada sin necesidad de ulteriores ajustes

En realidad esta formulación, encontrada (con muy pocas variantes) en autores 'hipotético-deductivistas' de la CMH tales como Feynman, Popper, Agassi o Braithwaite, es muy similar a la formulación 'inductivista' encontrada en positivistas lógicos como Carnap o empiristas lógicos como Hempel y Reichenbach. Las principales diferencias entre estas metodologías –sobre la base de las cuales se (auto)bautizan y reconocen las mismas– están dadas por el énfasis con que sus proponentes elaboran algunas de las etapas mencionadas. En este caso, mientras los metodólogos HD desarrollan teóricamente las derivaciones deductivas implicadas en las etapas (2) y (3), los inductivistas (contemporáneos, consecuencialistas) hacen lo mismo con las derivaciones inductivas de la etapa (4.2). Pero *todos* comparten *toda* la secuencia metodológica.

El hecho de que algunos de los autores mencionados centren sus análisis en las implicaciones lógicas de la etapa deductiva, en tanto que otros lo hagan en los problemas lógicos que surgen al considerar el apoyo *post hoc* que la evidencia inductiva confiere a las hipótesis, es lo que hace a

---

6. Cuando la 'hipótesis' a desplegar es una teoría explicativa, la derivación deductiva requerirá, por supuesto, de la conjunción de un conjunto de *condiciones iniciales* pertinentes y de *hipótesis auxiliares* adecuadas. Hecha esta aclaración, por razones de simplicidad en mi exposición no explicitaré la presencia de estos elementos a menos que sea necesario.

los primeros 'hipotético-*deductivistas*' y a los segundos '*inductivistas*' (en el sentido 'consecuencialista' o 'amplio' de este término), pero todos los autores mencionados son, en sentido estricto, 'hipotético-deductivo-inductivistas'7. Sostienen que, respecto a su origen, las hipótesis son meras conjeturas; es decir, que se llega a ellas inventando, imaginando, creando; en síntesis: 'haciendo hipótesis'. De este modo, para ellos la metodología científica *comienza* en la etapa de extraer consecuencias deductivas a partir de esas hipótesis, y culmina con la etapa de confirmación (o corroboración) empírica de las hipótesis en cuestión. Según los defensores de esta concepción, dado que el proceso derivación consecuencialista/ testeo empírico es *suficiente* para la justificación, un método de descubrimiento, además de inexistente, es epistémicamente innecesario. Lo mismo, por supuesto, podrían haber dicho con relación a un método de plausibilidad tal como el que propone Hanson. El método HD, por lo tanto, es para ellos el *único* método de la ciencia.

Hecha la explicitación de que el método hipotético-deductivista *à la* Hempel incluye una etapa de confirmación inductiva, y que el inductivismo contemporáneo *à la* Carnap no excluye una etapa de derivación deductiva, me atengo a la nomenclatura 'HD' para designar indistintamente a esta concepción metodológica compartida por los autores de la CMH. En este sentido Hanson, en el apartado titulado «*Hipotético-deducción*» de su (1971), luego de exponer la metodología hipotético-deductiva de modo similar al que he presentado aquí, comenta que

---

7. Popper es el único autor que parece atenerse a la denominación literal de 'hipotético-deductivista', ya que elabora de modo *sui generis* la etapa de testeo (4.2) pretendiendo alcanzar algún modo de 'confirmación' sin renunciar al empleo del *modus tollens*: «el método de falsación» –comenta Popper– «no presupone inferencias inductivas sino sólo transformaciones tautológicas de la lógica deductiva» ([1934]:42). De todos modos, el 'soplo inductivo' de su corroboración permite incluir a su concepción junto a la de los demás autores aquí citados dentro de lo que definí como 'CMH'. Para decirlo con palabras de Salmon (1967:28): «*modus tollens* con corroboración es inducción».

«pensadores ilustres como Hempel, Braithwaite, Popper, Carnap y J.S. Mill [han articulado] variaciones de este análisis hipotético-deductivo» (p. 62).

Período histórico		*Orden del descubrimiento*	*Orden del juicio*
Período contemporáneo	Hipotético-deducti-vistas	(Ascenso (falible) *sólo* para hipótesis *empíricas*) No hay ascenso para hipótesis *teóricas*	*Descenso ¿falible?* Inferencia deductiva e inductiva consecuencialista Hipotético-deductivismo hempeliano, Implicación parcial carna-piana, Subjetivismo bayesiano
(Primera mitad del siglo XX)	Popper	¡No hay inferencia a partir de la experien-cia!	*Descenso falible* Inferencia deductiva (¿y 'soplo' inductivo conse-cuencialista?): Corroboración popperiana

Fig. 3: El orden del descubrimiento y el orden del juicio II

Hanson no niega las virtudes de la metodología HD, la cual, según entiende, «describe la mayoría de los rasgos de la *estructura* de las teorías». Ésta metodología, admite, exhibe claramente una de las características más importantes de la ciencia: que las hipótesis *explican* los datos. Sin embargo, cuestiona, esta metodología no nos ayuda a entender adecuadamente la *dinámica* de la «construcción de teorías», porque sus reconstrucciones obscurecen la conexión inicial entre hipótesis y datos (cfr. 1971:63-6).

Hanson, como veremos en los próximos dos capítulos, defiende que *después* de un descubrimiento imaginativo, y *antes* de someter las hipótesis a un proceso HD, los científicos hacen juicios racionales al decidir sobre qué hipótesis continuarán trabajando. Ese contexto de investigación *post*-descubrimiento y *pre*-testeo, de acuerdo a Hanson, ocupa una parte muy importante de la 'dinámica de construcción de teorías'.

3. Los contextos de la ciencia heredados

> *La distinción que nos ocupa es una distinción* lógica, o, dicho con *mayor precisión, una distinción elaborada por* una metodología gobernada por la lógica, *por una metodología entendida esencialmente como lógica de la ciencia que ve en esa distinción la distinción fundacional, la distinción que le permite edificarse en toda su pureza... Se trata, en definitiva, de una distinción metod*ológica.

Alfredo Deaño

La mayoría de los filósofos de la 'concepción metodológica heredada' (CMH), tal como hemos visto, centraron sus investigaciones en lo que denominaron lógica de la prueba o *lógica de la justificación*. La filosofía, determinaron, debe ocuparse del análisis y justificación de los *resultados* de la actividad científica; es decir, de las expresiones lingüísticas de la ciencia considerada como un *producto* acabado (cfr., por ejemplo, Carnap [1938]). Desde este punto de vista, los *procesos* de construcción de hipótesis no están sujetos a análisis lógico (cfr., p.ej., Popper [1934]:31), quedando como objeto de estudio de la historia, la psicología individual o la sociología del pensamiento (cfr., p.ej., Braithwaite 1953:20-1).

La distinción que con estas consideraciones se pretende enfatizar es entre un nivel de análisis *descriptivo* y uno *normativo* –entre una descripción de cómo se conducen realmente los científicos (por ejemplo, como inventan, juzgan o toman decisiones), y una enunciación de normas (válidas) de conducta científica (por ejemplo, juicio firme, o argumento correcto y riguroso). Feigl (1970b:4) contrapone con toda precisión los contrastes existentes entre estas dos perspectivas meta-científicas: se trata de «narraciones *histórico-socio-psicológicas*» y de «reconstrucciones *lógico-método-filosóficas*».

La distinción subyacente a esta concepción de la filosofía de la ciencia se incorporó a la historia de los conceptos filosóficos con las expresiones '*contexto de descubrimiento*' y '*contexto de justificación*' introducidas por

Reichenbach en su *Experience and Prediction* (1938:I). Cabe subrayar que aunque las expresiones mencionadas pertenecen a Reichenbach, esta distinción –implícita, o bajo otras denominaciones– puede encontrarse a lo largo de toda la historia de la metodología. Hanson (1965) menciona a Schiller ([1917]) como su precursor, y autores como Feigl (1970a) y Hoyningen-Huene (1987) retrotraen la distinción hasta Aristóteles o incluso antes. Sin embargo, aunque la distinción conceptual existió con mucha anterioridad al momento en que la adoptan los autores mencionados, su *interpretación logicista* es propia de la CMH.

Esta demarcación logicista entre «reinos de análisis» (cfr. Reichenbach [1947]:2) –heredera, a su vez, de lineamientos de Frege y Russell– refleja una *doble división* analítica del proceso de investigación científica. Por un lado,

> (α) indica una distinción *procedimental* (y quizá temporal) de la actividad científica entre procesos de *descubrimiento* y procesos de *justificación*; por el otro,

> (β) establece una distinción *disciplinar* entre un estudio *empírico* y un estudio *filosófico* de esta actividad; es decir, entre un nivel de análisis *descriptivo* y un nivel de análisis *normativo*[8].

Gráficamente:

---

8. He utilizado los pares 'descriptivo-normativo' y 'empírico-filosófico' indistintamente; también podría haber utilizado el par 'empírico-lógico' porque esta es una identificación habitual en la CMH. Así, para los autores representantes de esta concepción, una reconstrucción *lógica* es sinónimo de una reconstrucción *filosófica* o, incluso, de una reconstrucción *racional*. Como ejemplo, cfr. *supra* la terminología utilizada por Feigl.

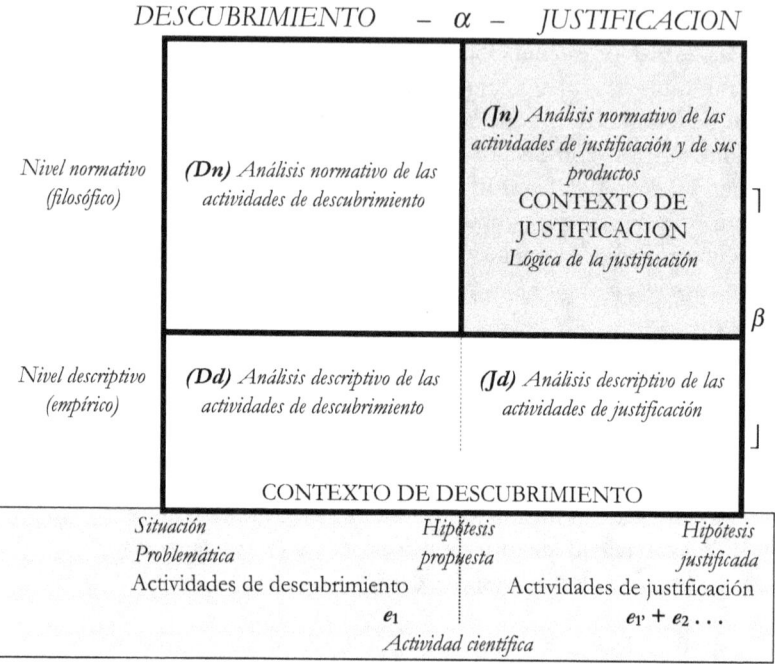

Fig. 4: El esquema heredado

En el esquema, *Dn* simboliza el ámbito de análisis normativo de los procesos de descubrimiento (el cual, para la CMH, está vacío de contenido), en tanto *Jn* simboliza el ámbito de análisis normativo de los procesos de justificación y de sus productos. *Dd* y *Jd* representan, respectivamente, los ámbitos de análisis descriptivo de las actividades científicas de descubrimiento y de justificación.

Por su parte e_1 representa la evidencia disponible al momento del descubrimiento, en tanto e_1 y e_2 simbolizan, respectivamente, la 'extensión' y 'diversificación' de la evidencia exigida en el contexto de justificación. Esta distinción entre 'vieja' y 'nueva' evidencia es otro de los criterios empleados para distinguir entre contextos. Autores lakatosianos y, en especial, popperianos, utilizaron el argumento de la asimetría evidencial para otorgar estatuto epistémico *sólo* al contexto de justificación.

Este esquema, en su versión 'heredada', fue formulado, reductivistamente, para caracterizar el ámbito de análisis de las ciencias naturales. Sin embargo, es empleado por varios autores que abordan filosóficamente a las ciencias sociales (cfr., p.ej., Rudner 1966) y, con las debidas adaptaciones, está implícito en enfoques analíticos de otras áreas del conocimiento humano.

A continuación, presentaré una caracterización más detallada de los ámbitos demarcados.

3.1. El análisis descriptivo (Dd y Jd)

a. En el esquema, *Dd* representa un ámbito de descripción empírica de las actividades de descubrimiento, actividades supuestamente subjetivas, privadas, arracionales o irracionales, etc., caracterizables con términos tales como 'creatividad', 'imaginación', 'intuición', 'genio', etc. Según autores de esta tradición justificacionista, el proceso de descubrimiento depende de «intuición creativa», «inventividad científica» o «conjetura instintiva», considerándose a las hipótesis como «libres creaciones del intelecto humano»[9].

Es importante observar que la tajante polarización entre creatividad y regla que hace esta tradición está trazada pensando en el descubrimiento de hipótesis teóricas; es decir, de hipótesis que incorporan afirmaciones sobre entidades, propiedades y procesos en principio inobservables. La aclaración es pertinente, ya que, tal como indiqué en el apartado anterior, la metodología inductiva generativista no fue aban-

---

9. Cfr., respectivamente, Popper ([1934]:31), Hempel (1960:464), Reichenbach (1944:67) y Einstein ([1933]:272).

donada en la metodología contemporánea, sino sólo limitada a las hipótesis empíricas. De hecho, la mayoría de los positivistas y empiristas lógicos concedieron que existen reglas para la generalización de leyes empíricas. Carnap (1966:228), por ejemplo, sostiene que una regularidad puede ser descrita haciendo una «generalización inductiva».

b. Debido a que el énfasis de la distinción entre contextos está puesto en la contraposición *justificación filosófica/ descubrimiento no-filosófico*, los epistemólogos de la CMH se han despreocupado de especificar las características del contexto descriptivo de las actividades de justificación, *Jd*. Hoyningen-Huene (1993:V.5.c), por ejemplo, entiende que la distinción heredada «identifica» la distinción *descriptivo/ normativo* con la distinción *empírico/ lógico* y, consecuentemente, con la distinción *descubrimiento/ justificación*: se describe la génesis –comenta–; se regla la justificación. Creo que aunque la mencionada identificación es correcta, su interpretación por parte de Hoyningen-Huene no lo es, pues la identificación aparenta ser pragmática más que lógica. *Nada impide una descripción de los procesos empíricos de justificación*, y ningún filósofo de la CMH parece haber entendido lo contrario. Lakatos ([1971]:13), por ejemplo, afirma: «al margen del dominio legislativo de las reglas normativas [de evaluación] existe, por supuesto, una psicología y una sociología empírica»[10].

---

10. Esta tendencia a permitir la descripción de *todo* el dominio de investigación –ya sea diferenciando conceptualmente, o no, procesos de descubrimiento y procesos de justificación– se refleja en las distinciones entre historia de la ciencia/ filosofía de la ciencia, historia externa/ historia interna, etcétera, demarcadas por otros continuadores de esta tradición tales como Salmon (1970) y Lakatos ([1971]). En ninguno de estos casos la 'historia externa' o la 'historia de la ciencia' se limita a la descripción de los eventos que acontecen en el contexto de descubrimiento. Cfr. por ejemplo Lakatos, quien comenta que su propia metodología, «como cualquier otra teoría de la racionalidad científica, debe ser complementada por la historia empírica-externa» ([1971]:13). O, también, que aunque «el aspecto *racional* del desarrollo científico se explica completamente por la lógica [de la justificación]... las reconstrucciones *normativas* pueden ser completadas por teorías externas *empíricas* para explicar los factores no-racionales» (*ídem*, pp. 38-9). Posiblemente, la inclusión de

31

A pesar de la existencia de afirmaciones como estas, lakatosianos como Musgrave coinciden con la interpretación de Hoyningen-Huene. En su lectura de la «ortodoxia positivista y popperiana», Musgrave (1989:20) entiende –incorrectamente a mi entender– que para ésta «existe una psicología pero no una lógica [del descubrimiento], y *una lógica pero no una psicología* [de la justificación]» (el subrayado es mío). Pero la contraposición que pretende Musgrave no es tal ni siquiera para los autores más 'ortodoxos'. Por ejemplo, la 'psicología del conocimiento' de Popper – de quién tanto se ocupa Musgrave– designa inequívocamente el estudio empírico de los procesos de corroboración/ falsación en el contexto de justificación.

Considerando que ninguno de los autores que han propuesto o adoptado la distinción entre contextos se opuso explícitamente a un análisis descriptivo de las actividades de justificación, entenderé –al menos por razones de economía expositiva– que la CMH incluía a *Dd* y *Jd* en su *contexto de descubrimiento*.

Debido a que en este trabajo me ocupo especialmente de aspectos metodológicos, es imprescindible clarificar los dos sentidos en que se suele utilizar el término '*metodología*'. Existe un sentido 'antiguo' o 'clásico' de este término, el cual hace referencia al estudio empírico de los métodos utilizados en la práctica científica y al conjunto de reglas que pueden ser recomendadas para que se investigue adecuadamente. Este es el sentido constructivo que tuvo el término 'metodología' en obras de metodólogos del siglo XVII como Bacon o en obras de metodólogos del siglo XIX como Mill. Sin embargo, la epistemología logró una gradual apropiación de esta denominación, la que a comienzos del siglo XX dejó de

---

Lakatos entre los filósofos de la CMH no sea muy acertada, ya que el pensamiento de este autor osciló entre las ideas básicas de la CMH y la de los 'nuevos filósofos de la ciencia' (grupo entre quienes muchos lo incluyen). Sin embargo, en lo que respecta al núcleo de conceptos metodológicos que estoy presentando Lakatos parece haber adoptado una postura más tradicional, y por lo tanto más cercana a la de la CMH.

designar una *disciplina empírica* para pasar a designar una *disciplina normativa*. Desde este sentido 'nuevo' o 'contemporáneo' del término 'metodología', metodólogos como Carnap identifican a la metodología de la ciencia con la '*lógica* de la ciencia' diciendo que «el *nuevo método* científico del filosofar puede caracterizarse brevemente diciendo que consiste en el *análisis lógico* de las proposiciones y conceptos de la ciencia» ([1930-1]:139; las itálicas son mías). Es por este motivo que a la lista de disciplinas empíricas que los positivistas delegan al contexto de descubrimiento –psicología, sociología e historia–, Carnap también agrega la «*metodología* de la ciencia» al estilo de Bacon o Mill (cfr., por ejemplo, [1938]:42; el subrayado es mío).

De este modo, las metodologías normativas contemporáneas se ocupan de dar definiciones de ciencia, cánones de racionalidad, reconstrucciones racionales, criterios de demarcación, etcétera; actividades éstas que van más allá de las descripciones y generalizaciones descriptivas de sus predecesoras empíricas. Este desplazamiento es muy claro en la mayoría de las epistemologías del siglo XX, en las que los *principios metodológicos* y los *principios de racionalidad* se definen y remiten mutuamente. Así, mientras las reglas de justificación heredadas (*a priori* e invariantes) determinan teorías de la racionalidad, las teorías de la racionalidad heredadas legitiman el empleo de las reglas de justificación, las que a su vez funcionan como 'criterios de demarcación'. Para Carnap y Popper, por ejemplo, la racionalidad científica se reduce a la logicidad explicitada por las reglas de sus respectivas 'lógicas de la ciencia'[11]. Para decirlo en

---

11. Hooker (1977) observa que en tanto para los empiristas «el método está determinado por una teoría de la ciencia», para Popper «el método determina la forma de la teoría de la ciencia». Pero cualquiera sea la dirección en que se establezca esta relación, es posible sostener la tesis que aquí se intenta de que en ambas posturas filosóficas los principios metodológicos y los principios de racionalidad se implican y remiten mutuamente. Cfr., por ejemplo, Karl Popper: «el libro [su [1934]] pretendía proporcionar una teoría del conocimiento y, *al mismo tiempo*, ser un tratado sobre el método» ([1976]:114, las cursivas son mías).

palabras de Toulmin (1977:147): dieron una versión analítica de la racionalidad en «términos algorítmicos».

A partir de la conformación de las metodologías admitidas por las *nuevas* filosofías de la ciencia –abducción, inferencia a la mejor explicación, resolución de problemas, programas de investigación, etc.–, en las últimas décadas algunos autores han entendido que «la tradicional conexión entre la racionalidad de la ciencia y su método ...ha sido en gran medida abandonada» (cfr., p.ej., Siegel 1985:517-8)[12]. Esta clase de opiniones se funda en el hecho de que las rígidas reglas de las metodologías clásicas han comenzado a ser reemplazadas por –o, mejor, complementadas con– valores, *desideratas*, estrategias de solución de problemas, etcétera (es decir, por principios *a posteriori* e históricamente conformados); por brevedad, 'criterios' (En Kuhn [1962], por ejemplo, la racionalidad se construye débilmente por la aplicación de un conjunto de valores o criterios metodológicos compartidos)[13].

---

12. Una interpretación aun más extrema de la relación metodología/ racionalidad afirma que la racionalidad no está en función del método. Un autor como Curtis (1986:155-6), por ejemplo, rechaza «la idea generalmente aceptada de que nuestras metodologías pueden decirnos qué elecciones racionales debieron haber hecho los científicos». Independientemente de estas interpretaciones críticas aisladas, en este trabajo asumiré que existe una metodología científica normativa, y que ésta define una teoría de la racionalidad. (Observemos que la relación metodología/ racionalidad está presente incluso en la obra de quienes niegan la existencia de metodología y racionalidad en la ciencia. El caso más claro es el de Feyerabend (1975), cuya conocida fórmula es: no hay metodología; luego, no hay racionalidad).

13. Distinguir dentro de la metodología entre *reglas* y *criterios* puede ser de utilidad para otros propósitos. Aquí sólo cabe señalar que entiendo a la 'metodología científica' en el sentido contemporáneo (amplio) de «conjunto de principios normativos de investigación». Por tal motivo, en este trabajo tanto una regla lógica en sentido estricto (tal como el clásico *modus tollens*) como un criterio no riguroso (por ejemplo el de *simplicidad*) son considerados como parte constitutiva de una metodología de la investigación científica.

Sin embargo, asumir que esos criterios *no son* parte de una metodología supone más un tema de definición que una imposición de la naturaleza. En este trabajo entiendo que estos «fantasmas de la metodología» –tal como los designa Hanson (1960:186)– *constituyen* una metodología o *son parte* de una metodología, y que contribyen a definir, caracterizar, etcétera, una forma de racionalidad.

En este trabajo haré algunas observaciones respecto de la teoría de la racionalidad que subyace en la metodología de la investigación de Hanson. En particular, mostraré que este autor, a pesar de haber incorporado criterios de distinta naturaleza a su metodología, y a pesar de haberse opuesto a la reducción de la metodología a la lógica realizada por los filósofos de la CMH, *no rompió el vínculo entre metodología y racionalidad.*

3.2. El análisis normativo (Jn y Dn)

a. *Jn* designa un ámbito de «objetividad científica», de «revisión crítica» y «normas objetivas», de «análisis lógico», de «reconstrucción racional», de «'teorías de la racionalidad científica', 'criterios de demarcación' o 'definiciones de ciencia'», de «cuestiones de justificación, verdad o validez»[14]; en síntesis, un contexto en el que se imponen las *'quid juris'* kantianas. Aquí no se investiga de qué modo los científicos justifican *de hecho* a sus hipótesis, sino de qué modo estas hipótesis *deben* ser justificadas. Es a este ámbito que la CMH llama *contexto de justificación* y convierte en área de análisis de la *lógica de la justificación.*

La *normatividad* que en este contexto se pretende alcanzar, es preciso aclarar, no debe ser entendida como necesariamente *prescriptiva* para los científicos. La demarcación entre niveles consignada –*en* la tradición he-

---

14. Expresiones estas de Reichenbach, Hempel, Feigl, Carnap, Lakatos y Popper respectivamente. Cfr., Reichenbach ([1938]:7); Hempel ([1966]:34); Feigl (1964:472); Carnap ([1930-1]:139), Lakatos ([1971]:12-3) y Popper ([1934]:30-31).

redada– alude a un plano de estudio normativo *ideal*. Para los filósofos de esta tradición, las normas de su metodología son, *prioritariamente*, normas para su *propio* análisis epistemológico[15]. Debido a que las reglas posibilitan juzgar una acción (y el producto de una acción) y no dirigir a la acción misma, sólo pueden señalar cómo *debería* haber actuado un científico para que sus decisiones sean racionales, de qué modo éste *debería* haber justificado sus hipótesis para que sean conocimiento, pero no necesariamente le *prescriben* como actuar. (Popper, por ejemplo, así como aspira a una 'epistemología sin sujeto cognoscente', también parece aspirar a una metodología sin sujeto actuante). Por supuesto: dado que una metodología normativa ofrece pautas de conducta racional, criterios para distinguir buena de mala ciencia, etc., parece natural que pueda ser ofrecida en carácter de consejos a los científicos. Pero una metodología normativa, ¿se convierte *ipso facto* en una metodología prescriptiva o 'aplicativa'? Una metodología bien puede incluir reglas cuya aplicación sea impracticable –al menos, por científicos humanos y por instrumentos al alcance de comunidades científicas humanas[16]. Por otro lado, podemos concebir a la metodología normativa como un conjunto de reglas y criterios que permiten *explicar post facto* decisiones científicas sin que esto suponga que un científico haya actuado siguien-

---

15. Cfr., por ejemplo, Reichenbach (1951:231): «[la tarea del lógico] es analizar la relación entre los hechos y la teoría *presentada a él* con la pretensión de que explica esos hechos». Cfr., también, Karl Popper: «para que un enunciado pueda ser examinado lógicamente... alguien tiene que haberlo formulado y *habérnoslo* entregado para [su análisis epistemológico]» ([1934]:30-31). Cfr., por último, este comentario de Lakatos ([1971a]:152): «cualquier cosa que [los científicos] hagan, *yo* la puedo juzgar: puedo decir si han progresado o no» (en todos los casos las cursivas son mías).

16. Las metodologías heredadas se acercan bastante a esta caracterización. Éstas proponen primeros principios metodológicamente muy formalizados y arquetipos de ciencia históricamente muy simplificados, con la esperanza de articular un modelo que pueda ser implementado en la evaluación de casos genuinos de teorías científicas. Sin embargo, tal como comenta Suppe ([1974]), *ninguna* teoría científica *real* satisfizo los requisitos metodológicos de las metodologías de la CMH.

do esas reglas o que el conocimiento de esas reglas le posibilite actuar científicamente.

Aquí puede trazarse un paralelo con la lógica, innegable disciplina normativa. La lógica –tal como suele aclarase en algunos textos contemporáneos de esta disciplina (cfr. p.ej. Salmon [1963]:I)– no *prescribe* como pensar. Solamente después de que se ha realizado un razonamiento, una vez efectuada una inferencia –proceso psicológico para el cual no hay reglas lógicas que *lo dirijan*–, ésta puede ser transformada en un argumento, y la lógica puede ser aplicada para decidir si este argumento es correcto o no. Aquí, por supuesto, no afirmo que la metodología deba reducirse a, o coincidir con, la lógica –aunque esta es la tendencia de gran parte de los filósofos de la CMH. Sólo afirmo que la distinción *normatividad/ prescriptividad*, o, mejor, *normatividad/ aplicabilidad*, si bien innecesaria en la práctica, es *analíticamente* útil, razón por la cual la incorporo a este trabajo.

b. *Dn*, en mi esquema, simboliza el lugar de un *eventual* estudio normativo de los procesos de descubrimiento. Debido a que –tal como hemos visto– los filósofos de la CMH consideran que en *Dd* no hay reglas ni procesos racionales de construcción de hipótesis, niegan la posibilidad de un estudio *filosófico* del descubrimiento; es decir, niegan la existencia de una *lógica* o una *metodología* del descubrimiento. Popper, por ejemplo, afirma:

> «No existe un método lógico de tener nuevas ideas, ni una reconstrucción lógica de este proceso... todo descubrimiento contiene 'un elemento irracional' o 'una intuición creadora'» ([1934]:31; cfr., también, Braithwaite 1953:11-37).

Reichenbach, a su vez, expresa esta idea de una manera muy similar:

> «El acto de descubrimiento escapa al análisis lógico; no existen reglas lógicas con las que se pueda construir una "máquina de

descubrimiento" que se haga cargo de la función creativa del genio» (1951:231; cfr., también, Feigl 1964:472).

Por lo general, las discusiones sobre esta temática se plantean bajo la denominación de 'lógica del descubrimiento'. Sin embargo, la mayoría de los autores que defienden la existencia de racionalidad en los procesos de descubrimiento, con el empleo del término 'lógica' *en* la expresión mencionada no intentan restringirse a las reglas de la lógica formal. Por este motivo, sería quizá más adecuado hablar de una 'lógica' (entre comillas) o de una 'metodología' del descubrimiento. Hecha esta aclaración, es importante indicar que en este trabajo *no* me ocuparé de la 'lógica' o 'metodología' *del descubrimiento*, ni en el sentido de un conjunto de reglas para la construcción, invención, generación, etc., ni en el sentido de un conjunto de reglas para la reconstrucción de procesos de construcción, invención, generación, etc. Tal como defenderé en los dos próximos capítulos, a pesar de que Hanson utilizó esta expresión, la misma es confusa y poco adecuada para designar a su propuesta metodológica, la cual en sentido estricto debiera ser considerada una 'lógica' o una 'metodología' *de la plausibilidad*.

4. Síntesis y comentarios

Este ha sido un capítulo fundamentalmente expositivo. Su propósito fue el de caracterizar a la metodología imperante en la época en que Hanson presentó su propuesta metodológica; es decir, a la metodología inductiva y la hipotético-deductiva.

En particular, me centré en subrayar el sentido de las inferencias que conforman a la metodología hipotético-deductiva. Ésta estaba basada, tal como vimos, en una concepción logicista que distinguía estrictamente entre un contexto filosófico de justificación y un contexto empírico de descubrimiento. Hanson se opondrá rotundamente a esta distinción tan tajante:

«La consigna que contrasta "el contexto de justificación" de "el contexto de descubrimiento" es a menudo empleada para ocultar interrogantes que son de carácter fundamentalmente *conceptual*» (1969b:74).

Según Hanson, esta concepción filosófica ofrece un «análisis procusteano», que cercena las partes vivas de la ciencia (1969b:83). De acuerdo a mi interpretación, el objetivo metodológico de Hanson fue el de dar un instrumento de análisis *menos restringido* que el heredado, pero que conserve sus lineamientos normativos. A fin de subrayar esta posibilidad, es importante tener en cuenta que la reconstrucción logicista de la CMH es, solamente, *una* forma de reconstrucción, y que hay un amplio espectro de formas de reconstrucción racional posibles. Dependiendo de qué grado de exactitud y completitud busquemos, podemos encontrar ejemplos de reconstrucciones que van desde axiomatizaciones estrictamente formalizadas a sistematizaciones relativamente informales. Hasta autores emparentados con la CMH admiten esto (cfr., p.ej., Feigl 1970b). *Dentro de ciertos márgenes*, entonces, la reconstrucción racional puede ser tan formal o tan empírica como se desee.

En los próximos capítulos presentaré en detalle a la propuesta metodológica de Hanson. Ésta, tal como mostraré, consiste de un esquema inferencial *de* datos *a* hipótesis, la abducción, esquema que permite evaluar hipótesis *antes* de que sean sometidas a un proceso de testeo consecuencialista.

II

La abducción y el problema del descubrimiento

1. Introducción

Hanson introduce al debate filosófico la idea de que en el contexto científico existe más racionalidad de la que admiten las metodologías clásicas. Continuando el programa de Peirce, desarrolla esta idea proponiendo un esquema inferencial al que denominó 'lógica abductiva'.

La lógica abductiva es considerada por muchos críticos como una lógica o una metodología de la generación, invención o innovación; en síntesis, como una *lógica del descubrimiento*. (También, identificada con la 'inferencia a la mejor explicación', la abducción es considerada como una *lógica de la justificación*. Me ocuparé de este problema en el capítulo III).

La expresión 'lógica del descubrimiento', tal como ya indiqué, tiene muchos significados. Como vimos en el capítulo (I), Bacon utilizaba esta expresión para referirse a una lógica de la invención, al método del 'momento' o 'proceso *eureka*'. De hecho, por razones históricas ésta debería ser la única acepción de esta expresión. Sin embargo, otros autores han empleado a esta expresión de manera diferente. Popper, por ejemplo, la utilizó para designar a una lógica del *crecimiento del conocimiento* científico, Lakatos pensó en ella para nombrar a una lógica del *progreso* científico, Dewey, por su parte, la empleó para referirse a una lógica de la *investigación*, Whewell, para aludir a una lógica de la *ciencia*, otros filósofos de la ciencia para hacer alusión a una lógica de la *elección* de hipótesis, y autores de IA para hacer mención a una lógica de la *recuperación de información*.

En este capítulo me ocuparé de la concepción de Hanson de las expresiones 'lógica abductiva' y 'lógica del descubrimiento'. Tal como defenderé, para este autor la lógica o metodología abductiva consiste de un esquema inferencial (conformado por un conjunto de criterios no-empíricos) que permite ponderar de modo provisorio a una hipótesis *antes* de su testeo efectivo. Si, por ejemplo, una hipótesis es simple, o análoga a otra hipótesis altamente confirmada (o corroborada), o es propuesta por un científico exitoso, la abducción nos dirá que ésta puede ser adoptada tentativamente, a condición de que sea sometida a testeo empírico. De este modo, la abducción funcionaría como una lógica de la evaluación pre-testeo; es decir, como una lógica *de la plausibilidad,* y no como una lógica del descubrimiento. (Tampoco como una lógica de la justificación).

En el próximo punto me ocuparé, en particular, de la concepción metodológica de Peirce. Hay varias razones para esto. En primer lugar, porque Peirce ha desarrollado un trabajo seminal sobre las temáticas de la abducción y la creatividad científica. En segundo lugar, porque incorpora a los análisis sobre abducción –ya introducidos por Aristóteles en la agenda filosófica– dentro de un marco metodológico. En tercer lugar, porque Hanson, explícitamente, tomó sus propias ideas sobre metodología de la obra de Peirce. Por esta última razón, el entender de qué modo concibió Peirce a la metodología y, fundamentalmente, a la lógica abductiva y la lógica del descubrimiento, ayudará a entender posteriormente a la versión de Hanson de estos mismos conceptos.

En el punto (3) analizaré las opiniones de Hanson sobre el problema del descubrimiento y sobre la extensión de la racionalidad de la ciencia. Debido a que este autor ha presentado sus reflexiones sobre plausibilidad en el marco de discusión 'heredado', podremos mediante este análisis confrontar claramente las *ideas* de descubrimiento y de plausibilidad.

41

2. Descubrimiento y plausibilidad en la obra de C.S. Peirce

Charles Sanders Peirce (1839-1914) fue uno de los más prolíficos y creativos autores del siglo XIX. Hizo aportes fundamentales en muchas disciplinas y en casi todas las ramas de la filosofía. Aún hoy su obra sigue siendo una invalorable fuente de ideas en lógica, lingüística, estética y metodología. A fin de subrayar la distinción existente entre los estadios de descubrimiento, plausibilidad y justificación, aquí sólo me ocuparé de sus contribuciones a esta última disciplina, y principalmente a sus conceptos de 'abducción' y 'plausibilidad'.

Según Peirce, en la actividad científica *real* una hipótesis no es sometida a un proceso de justificación a menos que *previamente* exhiba que es *plausible*; es decir, que da cuenta adecuadamente de los fenómenos para cuya explicación fue diseñada, y que merece que despleguemos sus consecuencias deductivas e intentemos probarla mediante testeo inductivo (cfr. 2.511; las referencias entre paréntesis remiten a volumen y parágrafo de Peirce (1931-58)).

> «Yo denomino *plausible*» –dice Peirce– «a aquella teoría que podría explicar fenómenos más o menos sorprendentes si fuera verdadera, que todavía no ha sido sujeta a ninguna clase de testeo, y que se recomienda a sí misma para un examen posterior» (2.662; el subrayado es mío).

De acuerdo a esta primera caracterización, Peirce, al tradicional estadio evaluativo de *justificación*, intenta contraponer *otro* estadio evaluativo: el de *plausibilidad*. Éste se presenta como un estadio ponderativo *previo*, *independiente*, y en *continuidad* con el de justificación. La distinción entre *justificación* y *plausibilidad* señalada por Peirce es, por lo tanto, entre:

> Razones para *aceptar* una hipótesis –de las cuales, como hemos visto, se ocupan metodologías justificacionistas *centradas* en el

criterio de confirmación (o corroboración) *empírica* (lo cual supone un testeo consecuencialista), y

Razones para *sugerir* una hipótesis en primer lugar –de las cuales se ocuparía su metodología, *centrada* en criterios *no*-empíricos de evaluación.

Según Peirce, estos criterios o razones de plausibilidad pueden ser agrupados en una forma inferencial que denomina «abducción». Dado que el peso de la prueba para la abducción se centra en mostrar que sus razones son *diferentes* de las razones dadas en el proceso de justificación, es oportuno introducir algunas consideraciones históricas. Cuando Peirce piensa en razones *inductivas* de aceptación, piensa en el apoyo inductivo *post hoc* de las metodologías hipotético-deductivistas. (En esta misma línea interpretativa, más tarde Hanson desarrollará sus argumentos contra las más sofisticadas versiones logicistas de estas metodologías propuestas por diversos autores de la CMH).

La distinción entre 'lógica abductiva' y 'lógica inductiva' es relevante para la contrastación de la abducción de Peirce con cualquiera de las metodologías justificacionistas, la de IME entre ellas. «[La abducción]» –dice Peirce respecto a este tema– «comprende la preferencia de una hipótesis sobre otras que podrían explicar los datos igualmente bien, en tanto esta preferencia *no esté* basada ...en el testeo de las hipótesis sometidas a prueba» (6.525; el subrayado es mío). Nada ha contribuido tanto al surgimiento de ideas erróneas en filosofía de la ciencia –agrega en otro lugar (cfr. 7.218)– que el considerar la abducción y la inducción como un mismo argumento. Estas inferencias ocupan polos opuestos de la razón, dice; una el más ineficaz, la otra el más eficaz. La abducción es un paso «temerario y peligroso» que sólo puede «proponer» una proposición (cfr. [1878]), en tanto que la inducción «es la única corte de apelación» (cfr. 7.220).

2.1. *El proceso metodológico de investigación científica según Peirce*

Para entender claramente esta distinción metodológica entre los programas justificacionistas (ya sean los clásicos programas logicistas o las variantes historicistas de IME) y los 'plausibilistas' –si se me permite el neologismo–, debemos concebir, junto a Peirce, a la investigación como un *proceso metodológico* (cfr. 7.59). Este proceso, según este autor, comprende tres «estadios», caracterizado cada uno de ellos por las inferencias *abductiva*, *deductiva* e *inductiva* respectivamente (cfr., por ejemplo, 2.775, 5.170 y 6.100).

(1°) *La abducción.* Esta inferencia, de acuerdo a Peirce, constituye el «primer estadio de investigación» (cfr. 6.469). Su tarea es la de proponer respuestas potenciales al problema científico investigado. Es una instancia «preparatoria» (7.218) que permite la adopción «provisional» (1.68), «a prueba» (7.235), tentativa, etc., de una hipótesis. «Los físicos» –comenta Peirce (8.223)– «están muy influenciados por [consideraciones de] plausibilidad al seleccionar cual de varias hipótesis testearán *en primer lugar*».

La abducción provee diferentes «ponderaciones de plausibilidad». Éstas abarcan desde la «mera afirmación interrogativa» y la «opinión que merece atención» hasta la «incontrolable inclinación a creer» (cfr. 6.469-525).

Según esta versión de este modo inferencial, entonces, dado un conjunto de fenómenos a explicar, si la hipótesis H es una buena explicación de estos fenómenos, tendremos buenas razones –sobre la base de su poder explicativo– para decir que H es plausible. Es decir, para concluir que podemos proponerla –«en primer lugar»– para un examen posterior. En su esquema, Peirce no explicita la existencia de hipótesis rivales, ni subraya el carácter comparativo de este modo inferencial. Sin embargo, esta posibilidad está contemplada en el empleo de la expresión 'en primer lugar'. A este respecto, quizá sea apropiado el comentario de Putnam ([1975]) de que esta clase de ponderaciones suministran «ordenaciones de plausibilidad».

(2°) *La deducción.* Luego de que una hipótesis ha sido adoptada por abducción, la tarea de la *deducción* es la de desplegar sus consecuencias necesarias (cfr., p.ej., 6.525 y 7.203).

Los abductivistas consideran a esta instancia –central en los esquemas de la CMH– como la menos problemática. Para Peirce, la deducción «meramente» extrae las consecuencias de una hipótesis (cfr., por ejemplo, 6.525); para Hanson, sólo conforma el proceso «pedestre» de derivar enunciados observacionales (cfr. 1958:1081). Posiblemente, esta clase de consideraciones constituye una simplificación injusta, ya que no refleja la complejidad de las derivaciones deductivas. Pero es una crítica que capta en lo básico las limitaciones de los programas justificacionistas logicistas, los cuales reducen el poder explicativo a una mera relación lógica de implicación.

(3°) *La inducción.* La *inducción,* como estadio final de investigación, verifica por testeo experimental los enunciados deducidos de una hipótesis sugerida por abducción (cfr. 2.776). Para compartir esta distinción, debemos recordar que Peirce reduce el concepto de 'inducción' al de apoyo empírico cuantitativo, a verificación mediante «un gran número de muestras al azar» (6.100). El proceso de testeo, para él, proporciona una inferencia estadística, inferencia que permite determinar si la hipótesis testeada se ajusta a los datos, si requiere alguna modificación, o si debe ser abandonada (cfr., p.ej., 2.758 y 7.83). De este modo, el proceso inductivo es, en la metodología de Peirce, un proceso rutinario gobernado por reglas bien determinadas[17].

---

17. Para un análisis del tratamiento de Peirce de la inducción, cfr. Goudge (1940); para algunas observaciones sobre el carácter mecánico del proceso de testeo en la metodología de Peirce, cfr. Levi (1980).

Esta caracterización de inducción nos ayuda a diferenciar entre *plausibilidad* y *probabilidad*. Mientras que —tal como definí en (2)— una hipótesis *plausible* es aquella que *todavía no ha sido testeada* y que se recomienda a sí misma para una posterior investigación, una hipótesis *probable* es aquella que *ya ha sido testeada* y verificada por un gran número de sus consecuencias empíricas, lo que significa que '*in the long run*' —es decir, en una infinita serie de ensayos— puede llegar a ser verdadera (cfr. 2.664).

Como podemos apreciar, la metodología de Peirce acompaña a toda la 'vida' de una hipótesis. Ésta es 'introducida' a la consideración científica por abducción (esta 'introducción' —según *mi* interpretación de Peirce— no supone necesariamente su descubrimiento sino meramente su primera ponderación), es desplegada por deducción, y testeada por inducción. Mientras la abducción constituye «el primer paso del razonamiento científico», entiende Peirce, la inducción en el sentido expuesto constituye «el [paso] final» (cfr. 7.218).

La distinción metodológica trazada por Peirce entre plausibilidad y aceptación no era extraña para otros metodólogos del siglo XIX. Whewell ([1857], II:370), por ejemplo, sostuvo que una teoría adquiere alguna plausibilidad «por su completa explicación de lo que pretende explicar», pero que sólo está adecuadamente «confirmada» «por su explicación de lo que *no* pretendía explicar». Tal como señalé en el capítulo (I.A), ésta es la distinción entre 'vieja' y 'nueva' evidencia que más tarde retomará Popper como criterio para distinguir entre contextos.

Desde un punto de vista evidencial, entonces, podemos decir que la abducción se basa en la evidencia disponible al momento del descubrimiento y la IME / confirmación / corroboración en la nueva (y variada) evidencia que se acumula en el proceso de justificación. Quizá este parámetro sea el criterio más relevante para distinguir entre contextos. Es por este motivo que la propuesta de la abducción ha dado lugar a creer que ella es una 'lógica' para *hacer* descubrimientos. Como veremos, esta clase de creencia es errónea, ya que la abducción no es una 'lógica del *descubrimiento*' en el sentido clásico, generativista, de esa denominación. Si mis argumentos del punto (3) son convincentes, en lo que respecta a Hanson esto quedará establecido allí. En el caso de Peirce, que esta afirmación es correcta se deriva claramente de sus apreciaciones acerca de la naturaleza de la inferencia y de su posición sobre la creatividad científica[18].

2.2. Peirce y la naturaleza de la inferencia

La concepción de 'inferencia científica' por parte de Peirce es coincidente con la definición general dada en el primer capítulo de esta parte de la tesis (cfr., por ej., su 2.27). Para Peirce, 'inferencia' es «la adopción controlada y consciente de una creencia como consecuencia de otro conocimiento» (2.442). Inferir implica *creer* en (la verdad, probabilidad o plausibilidad de) un enunciado dado a partir de la creencia en la verdad de otro(s) enunciado(s). Para Peirce, por lo tanto, una regla de inferencia *no* da prescripciones para descubrir –crear, inventar, construir, etc.– el nuevo enunciado; sólo determina que nuestra creencia en él (cualquiera sea el *origen* de esta creencia, y cualquiera sea el *grado* de asentimiento de la misma) está bien fundamentada.

Es importante observar que Peirce entiende que su abducción es una inferencia de suposiciones acerca de mecanismos y entidades «inobservables en la práctica» *tanto* como de mecanismos y entidades «en principio inobservables» (cfr. 2.625). De este modo, sus consideraciones sobre plausibilidad pueden aplicarse tanto a generalizaciones de bajo nivel como a hipótesis explicativas de alto nivel.

---

18. Varios autores (por ejemplo Rescher) han entendido –erróneamente, según mi interpretación– que *para* Peirce la abducción está involucrada en los procesos de descubrimiento. Pero aunque la abducción puede ser *interpretada* como un método de descubrimiento, ni Peirce ni Hanson dan ese paso interpretativo. Discutiré este problema principalmente en el capítulo (IV).

2.3. Abducción y creatividad en Peirce

La abducción, según sus defensores, se utiliza en todos los dominios de la vida científica y cotidiana. Veamos algunos ejemplos:

> En una ciudad turca –cuenta Peirce– ví a un hombre a caballo, pomposamente vestido y rodeado de guardias. Como el gobernador era la única persona que pensé que podría reunir esas características, inferí que ese hombre era el gobernador, y acerté (cfr. 2.625).

> Recibimos un anónimo. En el escritorio privado del sospechoso encontramos un trozo de papel que coincide perfectamente en todas sus irregularidades con el trozo de papel recibido. Entonces inferimos abductivamente que el sospechoso es el autor del anónimo (cfr. 2.632)[19].

> Dados los datos de Tycho Brahe, Kepler consideró que la elipse era la órbita más simple que podía explicarlos. «Esta fue» –sostiene Peirce– «la obra máxima del razonamiento [abductivo]» (I.74).

> «Se encuentran fósiles marinos en una región muy alejada del mar. Para explicar este fenómeno suponemos que alguna vez el mar cubrió esa zona. Esto es una [abducción]» (2.625).

Todos estos ejemplos de abducciones –extraídos de los muchos que ofrece Peirce– tienen un patrón común: la respuesta, solución, hipótesis que se ofrece en cada caso *explica* la situación problemática, y por esa razón se la pondera favorablemente. Tengamos en claro que en ningún caso Peirce afirma que la inferencia ampliativa es el mecanismo genera-

---

19. La abducción, según sus defensores, se utiliza en todos los dominios de la vida científica y cotidiana. Truzzi ([1983]), por ejemplo, observa que en las *Historias completas de Sherlock Holmes* el famoso detective realiza más de 200 abducciones. Peirce mismo da ejemplos de abducciones de todo tipo y, como podemos ver, incluso de abducciones 'detectivescas'.

dor de la hipótesis explicativa. Ésta, al menos en situaciones muy simples, puede presentarse de modo 'natural'. Consideremos el ejemplo de los fósiles marinos citado anteriormente. Si viajando por un lugar alejado del mar encuentro un fósil, y sé reconocer que ese fósil es marino, es posible que de inmediato se (me) presenten –surjan, o se me ocurran– algunas hipótesis rivales para explicar este hecho. Por ejemplo, que en tiempos prehistóricos la zona en la que me encuentro estuvo sumergida, o que alguien puso esos fósiles allí para engañarme o para probar mi habilidad como paleontólogo[20]. Ponderando estas explicaciones a la luz de los criterios no-empíricos y de la evidencia total disponible puedo considerar, por ejemplo, que dado que hay muchos fósiles, que esos fósiles son muy raros, que la zona en la que estoy es de muy difícil acceso, etc., la hipótesis 'marina' es la más plausible. Es decir, puedo inferirla tentativamente, adoptarla en carácter provisorio y seguir trabajando sobre ella. En este caso podría decir que la hipótesis que he inferido se me ha ocurrido a mí o, con alguna licencia, que yo la he *descubierto*. Pero esto no implica necesariamente que la inferencia que he realizado ha sido la responsable de la generación original de la misma. Yo podría llevar mi conclusión a otro paleontólogo, quien, de aceptarla, a pesar de no ser su descubridor hará la *misma* inferencia abductiva que he hecho yo. (Estas consideraciones no excluyen la posibilidad de aseverar que los criterios de plausibilidad y de descubrimiento *coinciden*; que la *misma* inferencia de plausibilidad es una inferencia de descubrimiento, que las hipótesis surgen racionalmente por la presencia tácita de criterios de

---

20. El hecho de que estas hipótesis 'surjan' o se 'me ocurran', supone algún mecanismo psicológico subyacente; por ejemplo, puedo haberlas *imaginado*, puedo haber *recordado* que en una situación similar un colega formuló esas explicaciones, puedo haber *comprendido* el valor de esas hipótesis cuando otro científico me las mencionó o, ¿por qué no?, puedo haber *razonado* hacia ellas. En el capítulo (IV) me ocuparé de los supuestos mecanismos causales que eventualmente pueden estar relacionados con la aparición de las hipótesis, pero por el momento me interesa analizar el rol metodológico evaluativo presuntamente cumplido por la abducción en la *interpretación* de Peirce y demás MIP.

plausibilidad. Esta interpretación será analizada en el próximo capítulo. Pero aquí es importante subrayar que Peirce *elimina* la posibilidad de realizar esta interpretación al proponer que existe en el hombre «una *luz natural*, o *luz de la naturaleza*, o *insight instintivo*, o *genio*, que tiende a hacerlo adivinar» hipótesis plausibles (5.604). Tal como veremos en el punto (2.2), Hanson también elimina esa posibilidad al subrayar que el descubrimiento depende «*esencialmente*» de 'intuición', '*insight*', 'conjetura inspirada' y 'genio' (cfr., p.ej., 1965a:61)).

Resumamos rápidamente este punto: con su lógica de la plausibilidad – su lógica de la 'abducción'– Peirce trata de reflejar las razones que tenemos para admitir una hipótesis *tentativamente*; es decir, para adoptarla *antes* de contar con el juicio más firme que nos puede proveer su proceso de testeo (adopción sujeta a la condición de que la hipótesis sea efectivamente sometida a testeo). Esto implica que aunque para Peirce el proceso de descubrimiento o invención de una hipótesis no es un proceso racional –ya que es fruto de un '*insight* instintivo'–, su introducción a la consideración científica sí lo es.

2.4. *Peirce y los criterios de plausibilidad*

En muchas partes de su obra Peirce menciona varios criterios no-empíricos que, según su consideración, proporcionan plausibilidad a una hipótesis (cfr., especialmente, 7.220). Me ocuparé de los principales:

(a) *Poder explicativo*. Una hipótesis debe explicar los fenómenos para los que fue propuesta (cfr. 5.146). Es decir: éstos deben seguirse deductivamente de la hipótesis (cfr. 1.89, 1.139 y 6.606).

(b) *Testabilidad*. Las hipótesis explicativas deben ser empíricamente *confirmables* (cfr. 7.220). Esto es lo que Peirce denomina «principio de pragmatismo» o «regla principal de la abducción». Una hipótesis –dice– debe ser tal que sus consecuencias «*puedan ser* plenamente deducidas de ellas», «*testeables*», «*factibles* de verificación experimental», etc. (cfr., respectivamente, 2.786, 1.120 y 1.68; las itálicas son mías). La testabilidad se refiere a la contrastación de la hipótesis con *nueva* evidencia.

(c) *Economía*. Varias hipótesis pueden satisfacer los dos criterios previamente mencionados. Por lo tanto, la decisión de cual de las hipótesis del conjunto admitido debe ser testeada *en primer lugar* está sujeta a la consideración de criterios de *economía* (cfr. 7.139-61). «El número de hipótesis posibles puede ser muy grande» –comenta Peirce (6.530). «En física, algunas veces existe una infinita multitud de tales posibles hipótesis. El problema de la economía» –concluye– «es claramente un problema muy serio».

Bajo el apartado de «economía de investigación», Peirce hace consideraciones sobre criterios tales como los de *precisión* y *parsimonia* (4.35), *poder explicativo* y *ajuste* de la hipótesis con los datos (1.85), y *coherencia* de la hipótesis propuesta con hipótesis ya aceptadas (2.776), pero se ocupa principalmente del *costo* y de la *simplicidad*.

> *Costo*. La experimentación implica un «enorme costo» en «tiempo, dinero, energía y pensamiento». Dado que nuestros recursos son limitados, éste es un criterio a tener en cuenta *antes* de decidir qué hipótesis someter a un proceso de justificación (cfr. 5.600, 7.200 y 7.220).

> *Simplicidad*. Peirce considera a la simplicidad la «máxima del procedimiento científico» (cfr. 5.60). Entiende que aunque la hipótesis más simple puede no ser verdadera, este principio es de extrema utilidad al comienzo de la investigación, porque una hipótesis simple puede ser rechazada rápidamente si es falsa (1.120), o puede iluminar el camino hacia la hipótesis correcta en un número finito de conjeturas (7.220).

Los criterios mencionados no son independientes. En una hipótesis simple, por ejemplo, sus consecuencias serán deducidas más rápidamente y comparadas más fácilmente con la observación (cfr. 6.532).

Como podemos ver, Peirce subraya el carácter *tentativo* y *provisorio* de la hipótesis adoptada abductivamente a partir de la aplicación de alguno o de varios de estos criterios. Que una hipótesis simple, testeable, etc., explique (o 'acomode') los fenómenos para los que fue propuesta *no es una condición suficiente para su aceptación*. Más aún; la condición que autoriza a adoptar «a prueba (*on probation*)» a una hipótesis es que luego ésta «se compruebe por comparación con la observación» (cfr. 1.121; cfr., también, 1.68 y 2.776). Como él mismo menciona, «la [abducción] no da seguridad; la hipótesis debe ser testeada» (6.470)[21].

2.5. Síntesis y comentarios

En esta sección he presentado consideraciones de Peirce respecto al rol jugado por los criterios no-empíricos en la empresa científica. Me pareció de particular interés la formulación de este autor debido a que, al considerar a estos criterios como constitutivos de una instancia independiente *dentro del proceso de investigación*, permite contrastarlos con los criterios que operan en la instancia de justificación. Como hemos visto, Peirce insiste en distinguir a la abducción (entendida como un conjunto de criterios no-empíricos) de la inducción (reducida al criterio empírico del testeo consecuencialista), defendiendo que este enfoque inferencial realiza una evaluación pragmática de una hipótesis *antes* de su testeo *y a fin* de decidir si es económicamente conveniente realizar tal testeo.

Un aspecto que es importante señalar es que Peirce propone a la abducción como un esquema inferencial que permite reconstruir los procesos de (lo que podríamos denominar) *asentimiento temprano*, no los procesos de *descubrimiento* de nuevas hipótesis. Como hemos visto a través de un análisis de su concepción de creatividad y de inferencia, para él el proceso de descubrimiento o invención de una hipótesis no es un pro-

---

21. Para un análisis más detallado de cuestiones de economía de investigación, cfr. Rescher (1978:IV).

ceso racional, ya que es fruto de un *'insight'* instintivo'. Sobre la base de estas consideraciones, estamos en condiciones de revisar la distinción de contextos de la CMH de la siguiente manera:

–Razones para *aceptar* una hipótesis –de las cuales, como hemos visto, se ocupan metodologías justificacionistas *centradas* en el criterio de confirmación (o corroboración) *empírica* (lo cual supone un testeo consecuencialista; es decir, sobre la base de fenómenos nuevos)	**Contexto dejustificación**
–Razones para *sugerir* una hipótesis en primer lugar –de las cuales se ocuparía su metodología, *centrada* en criterios *no*-empíricos de evaluación	**Contexto de plausibilidad**
–Procesos irracionales o arracionales empleados para *descubrir* hipótesis. Peirce explica los procesos de descubrimiento mediante la noción de *'luz natural de la razón'*. Esta es una noción metafísica, no una noción metodológica. No hay, por lo tanto, lógica del descubrimiento	**Contexto de descubrimiento**

Fig. 1: La distinción de contextos según Peirce

También es importante mencionar que aunque el proceso metodológico abducción-(deducción)-inducción de Peirce no se extiende a la generación de las hipótesis, es más amplio que el proceso de conjetura-(deducción)-confirmación de empiristas lógicos o de conjetura-(deducción)-corroboración de hipotético-deductivistas, pues en estos últimos la secuencia de 'conjetura' *no es una secuencia metodológica*. A pesar de esta diferencia radical, algunos autores –cfr., por ejemplo, Rescher (1978) y Skagestad (1979)– interpretan a Peirce como un hipotético-deductivista al estilo de Popper. Rescher, por ejemplo, considera a la abducción de Peirce como «equivalente al método hipotético-deductivo» (p. 3), y a la metodología peirceana como un todo indiscernible del procedimiento de conjetura y refutación de Popper. Pero si una 'conjetura' es –como entiende Rescher– una «proyección *imaginativa*», entonces no es equivalente a una 'abducción', ya que ésta en todo caso es una *evaluación crítica* de una 'proyección imaginativa'. Para Peirce, una hipótesis se somete al proceso de justificación porque satisface determinadas razones anteriores al testeo, y no se espera, como en la metodología HD, que las razones surjan del mismo testeo. Es decir: hay conjetura 'racional' –y no conjetura 'ciega' como en el caso de Popper.

En el próximo punto me ocuparé de la propuesta de plausibilidad de Hanson y de su relación con los problemas del descubrimiento científico. A pesar de las similitudes existentes entre las propuestas de Peirce y de Hanson, puedo dar dos razones para presentar a ambas propuestas – y para presentarlas por separado. La primera es que las semejanzas entre ellas son sólo formales, ya que ambas –como especificaré en el capítulo (IV)– se proponen para *diferentes* estadios de investigación. La otra es histórica, pero fundamental: los argumentos de Hanson se presentaron *contra* la distinción entre contextos trazada por los filósofos de la concepción heredada, y por eso adquieren otra importancia y otra connotación.

3. Descubrimiento y plausibilidad en la obra de N.R. Hanson

> *¿Cómo buscar, con los ojos del lógico, los tortuosos senderos atravesados por el intelecto creativo? ¿Cómo garabatear las primeras pocas páginas de lo que finalmente podría ser denominado «una lógica del descubrimiento»?*
>
> N.R. Hanson

3.1. Introducción

La temática del descubrimiento científico parece –pero sólo parece– central en la obra de N.R. Hanson, ya que la mayoría de los títulos de sus trabajos incluyen ese término: *Patterns of Discovery*, «The Logic of Discovery», «Is There a Logic of Scientific Discovery?», «An Anatomy of Discovery», «The Idea of a Logic of Discovery» y «Proof and Discovery». Pero a pesar de la recurrencia con que empleó el término 'descubrimiento', su concepción del descubrimiento científico dio lugar a mucha confusión y a largos debates. Aún hoy se discute si este autor pretendió ocuparse de los procesos de invención de hipótesis o de los procesos evaluativos previos a los de justificación final de las hipótesis. En otras palabras, de la 'lógica del descubrimiento' o de la 'lógica de la plausibilidad'.

Existen al menos dos motivos para esta variedad de interpretaciones. Uno de ellos es la ambigüedad del lenguaje utilizado por Hanson –dificultad en gran parte atribuible a la imprecisión propia de los términos 'generativistas'. La expresión *"formular* una hipótesis", por ejemplo, sin un contexto esclarecedor adecuado no permite discriminar entre la acción de *generar* y la acción de *explicitar* o *enunciar* con términos científicos (quizá de algún modo particular) una idea ya conocida. Un segundo motivo es que Hanson introduce sus reflexiones sobre este tema en dos etapas diferentes. Una temprana –que podemos englobar bajo la idea de «patrón de descubrimiento»–, en la cual pretende explicar la propuesta tentativa de hipótesis por la organización conceptual del conocimiento disponible, y otra posterior –caracterizable por su idea de «lógica del descubrimiento»–, en la cual intenta realizar un análisis lógico de las inferencias que, según entiende, se suceden en las etapas evaluativas de los procesos de construcción de hipótesis.

La mencionada ambigüedad terminológica y el citado cambio de enfoque han favorecido la existencia de diferentes interpretaciones de su propuesta. En una primera aproximación podemos dividir a sus críticos en dos grandes grupos: el de quienes defienden que Hanson pretendió construir una 'lógica del descubrimiento' en sentido estricto, es decir, generativa (McLaughlin 1982a, Kantorovich 1994, etc.), y el de quienes afirman que intentó dar una 'lógica de la plausibilidad', es decir, una lógica evaluativa pre-testeo (Schon 1959, Kleiner 1990, etc.). Bajo una distinción más precisa podemos mencionar a un grupo de críticos que entiende que en su 'primera' etapa Hanson propuso una lógica del descubrimiento y en su 'segunda' etapa una lógica de la plausibilidad (Nickles 1980, Thagard 1988, Niiniluoto 1999, etc.). Por lo general, todos estos críticos extraen sus conclusiones a partir del análisis de los mismos pocos textos de Hanson: sus (1958a) y (1958b), con los cuales caracterizan la primera etapa de su obra; y sus (1961) y (1965), los que, según entienden, conforman la segunda etapa de la misma.

El objetivo de este punto es el de confrontar estas interpretaciones con las afirmaciones que realiza Hanson en *toda* su obra sobre este tema. Como resultado de esta confrontación, de un análisis del *contexto histórico* en el que Hanson formuló su propuesta, y de una interpretación de sus argumentos, pretendo mostrar que *tanto* en su primera como en su segunda etapa Hanson intenta dar una 'lógica de la plausibilidad' y *no* una 'lógica del descubrimiento'.

3.2. Hanson y los contextos de la ciencia

> *Existe más espacio para el ejercicio de la razón y el análisis dentro del 'contexto de descubrimiento' que lo que la mayoría de los filósofos de la ciencia han concedido.*
>
> N.R. Hanson

Dado que la caracterización por parte de Hanson de expresiones como 'descubrimiento científico' y 'lógica del descubrimiento' está formulada *a partir de* y *contra* la caracterización de descubrimiento de los principales filósofos de la ciencia de las primeras décadas del siglo XX, presentaré su contribución a esta problemática contrastando sus aportes con la concepción de estos filósofos —la cual, por brevedad, denominé 'concepción metodológica heredada'.

Tal como he indicado en el capítulo anterior, Hanson siempre confronta su propuesta con la de los filósofos de la CMH; en particular, con la de Popper, Reichenbach y Braithwaite. En su «Notes Toward a Logic of Discovery», por ejemplo, dice:

> «Libros como *Logik der Forschung, Experience and Prediction*, y *Scientific Explanation* ...se ocupan de dar razones en apoyo de hipótesis una vez que éstas han sido bien formuladas y explícitamente propuestas. No se ocupan, sin embargo, del *contexto conceptual* en que estas hipótesis son inicialmente *concebidas* y *consideradas* (*entertained*) –contexto dentro del cual *Forschung*, experiencia y explicación afectan el pulso del *corpus* científico» (1965b:45; el subrayado es mío).

Hanson está, claramente, en contra de las *limitaciones* analíticas de lo que denomina «lógica de la prueba», «lógica deductiva», o «lógica de la justificación» de la CMH. Sin embargo, la ambigüedad que en citas como la anterior revelan verbos como 'concebir' y 'considerar' no permiten determinar claramente cuál es la naturaleza y la dimensión del 'contexto conceptual' en el que él está interesado, hecho que ha dado lugar a una larga cadena de malentendidos. A fin de precisar el *plano de análisis* que este autor pretendía abarcar con su 'lógica del descubrimiento', y la *extensión* que concedía al 'ámbito del descubrimiento', presentaré –con las distinciones heredadas (α) y (β) establecidas en el capítulo (I.3) como marco– estos dos problemas de modo independiente.

El descubrimiento y el análisis normativo. Hanson coincide con la distinción de niveles de análisis establecida por la CMH (cfr. Fig. 4, cáp. I). También coincide con esta concepción en que puede existir una investigación empírica del descubrimiento (nuestro *Dd* de la Fig. 4 del capítulo I). Su divergencia radica en que niega que el análisis filosófico deba restringirse a una reconstrucción lógica del «reporte final de investigación». El análisis del descubrimiento, sostiene, no puede ser *sólo* psicológico, sociológico o histórico. «El descubrimiento» –para él– tiene «credenciales lógicas propias» (cfr. 1967a:352). Pertenece a «ambos contextos» (*ibid.*); es decir, al empírico *y* al filosófico.

> «Si el establecimiento de [una hipótesis] mediante sus predicciones tiene una lógica» –sostiene–, «también la tiene el argu-

mento que conduce a proponer (*proposal*) una hipótesis inicial-
mente» (1958b:1083).

Su propósito es claramente *filosófico*: busca dar una *explicación* del modo
en que las hipótesis son descubiertas (cfr. 1958b:1084); un *esclarecimiento*
de los razonamientos que subyacen a las primeras tentativas y propuestas de una hipótesis (cfr. 1958a:164); una *justificación* de la sugerencia inicial de una hipótesis (cfr. 1960:183); una *formulación de los criterios* en términos de los cuales una persona creativa podría decir que ha 'razonado
bien' en sus tanteos hacia lo desconocido (cfr. 1965b:42). Intenta, en
síntesis, dar un «*análisis conceptual* del descubrimiento», una «*filosofía* del
descubrimiento científico» (cfr. 1965b).

Con esta propuesta, Hanson no pretende estar haciendo un aporte original. En la mayoría de sus artículos menciona a predecesores de su línea de investigación filosófica:

«Aristóteles [*Primeros analíticos* (II.25); *Analíticos posteriores* (II.19)] y Peirce
[(1931-1958)]» –defiende– «se ocuparon de algo diferente de la psicología, sociología o historia del descubrimiento; estuvieron interesados en
una *lógica* del descubrimiento; iniciaron una *investigación filosófica* de la estructura *formal* del razonamiento que alcanza innovación científica y
descubrimiento» (1965a:49-50; itálicas agregadas).

A diferencia de la mayoría de los 'nuevos filósofos de la ciencia', Hanson conservó la estricta distinción heredada entre los planos descriptivo
y normativo[22]. Mientras filósofos de tendencia naturalista como Toulmin entendieron que la historia era la fuente de las normas de la metodología, él –aunque extendiendo su dominio– articuló su metodología
normativa sobre bases logicistas. El problema del origen y fundamenta-

---

22. En contraste, un autor como Kuhn, por haber estado «intelectualmente formado»
bajo esa distinción valoriza su importancia, pero la atenua al minimizar su *status* lógico
(cfr., por ejemplo, Kuhn [1962]:I).

ción de las normas, sin embargo, se mantuvo como un problema a lo largo de toda su obra. Mientras en su (1962c) sostuvo que inferir normas a partir de hechos era cometer la «falacia genética», en su (1967b) entendió que una historia sin filosofía es conceptualmente oscura y que una filosofía sin historia es completamente irrelevante. Por lo tanto, concedió, queda abierta la pregunta: ¿cómo «combinar» hechos y análisis de modo tal que podamos «evitar la ceguera y la vacuidad y, al mismo tiempo, no caer en La Falacia?» (1967b:113). (Retomaré este problema en el capítulo IV, donde mostraré las debilidades de los intentos logicistas de Hanson y trataré de presentar una fundamentación naturalista que pueda dar respuesta a esta pregunta).

Hasta aquí, he intentado plantear la propuesta de Hanson enfatizando que su interés es *filosófico* y no *empírico*; que –en sus propias palabras– no confunde a una 'lógica del descubrimiento' con una «historia de los grandes descubrimientos» o una «tipología psicológica del descubridor» (cfr. 1965a:50). Como podemos ver, Hanson, a diferencia de la opinión de Simon (1973:472) –quien sostiene que Hanson «no trazó una clara distinción entre psicología y lógica»– distinguió a estas disciplinas con toda claridad.

Antes de pasar a un análisis más detallado de la 'lógica del descubrimiento' de Hanson, queda aún por precisar qué actividades considera este autor que pertenecen al contexto de descubrimiento.

El descubrimiento y el análisis empírico. ¿Qué entiende Hanson por 'descubrimiento'? Su primer texto sobre este tema, «Proof and Discovery» (1956), ayuda a delimitar –por oposición– este problema. Allí, contrapone 'descubrimiento' a 'prueba': descubrimiento es el proceso de tener nuevas ideas; prueba, el de justificarlas.

Con el concepto de prueba no hay mayores problemas. En todos sus textos Hanson vuelve una y otra vez a este concepto, asociándolo a los de 'deducción', 'aceptación', 'validación' y 'testeo'. El proceso de prueba

–para Hanson tanto como para la CMH– comienza con una hipótesis *ya conocida*, y abarca desde la deducción de enunciados observacionales hasta su confirmación inductiva *post hoc*23.

Pero la amplitud del concepto de descubrimiento no está tan bien delimitada24. ¿Qué es 'tener una nueva idea'? ¿Llegar a ella; es decir, generarla, o sólo adoptarla, reconocerla como tal? Autores como Carnap, Hempel o Feigl, entienden por 'descubrimiento' a *toda* actividad metodológica que no está relacionada con tareas lógicas de justificación: variación, modificación, corrección, invención, ponderación pre-testeo, ajuste, selección, etc. Hanson, sin embargo, intenta realizar una *discriminación lógica* entre los procesos que generalmente –aunque imprecisamente– son designados con ese término. A fin de considerar su posición, analicemos el siguiente párrafo, el cual condensa los problemas presentados:

«Lo que conduce a la formación inicial de una hipótesis: el 'golpe', intuición, corazonada, penetración, percepción, etc., *es asunto de la psicología*. Pero muchas hipótesis aparecen repentinamente en la mente del investigador, para ser rechazadas de inmediato. Algunas, sin embargo, merecen una atenta consideración, *y ello por buenas razones*» (1958a:200).

---

23. O, en el caso del 'justificacionismo' popperiano, hasta su falsación sistemática. Por razones de simplicidad, ignoraré las peculiaridades del hipotetismo de Popper. El indeleble 'soplo inductivo' de su corroboración incluso justifica esta decisión.

24. Según Hanson (1967a), desde un punto de vista empírico conceptos como 'verificación', 'observación' o 'hipótesis', designan lo que los *científicos hacen*, a la vez que desde un punto de vista conceptual también exhiben lo que la *ciencia es*. Sin embargo, lamenta, los filósofos no se han ocupado de analizar el concepto 'descubrimiento' porque consideran –erróneamente– que éste no está relacionado con la estructura conceptual de los argumentos y teorías científicas. Y –agrega– «un concepto que no es analizado es un concepto desconocido» (1967a:321).

Aquí, Hanson distingue entre una *instancia inventiva* en la que se 'forman' o 'aparecen' las hipótesis –la cual es relegada a un estudio empírico; en este caso, por parte de la psicología– y una *instancia evaluativa* en la que estas hipótesis son «rechazadas» o «consideradas» –instancia para la cual parecen existir «buenas razones». La distinción es clara:

(i) En los procesos de invención, de generación o –en síntesis– de descubrimiento, *hay* intuición; las hipótesis surgen, y Hanson no pretende dar reglas para guiar este proceso.

(ii) Una vez 'concebidas', las hipótesis pueden ser *racionalmente* 'consideradas', 'propuestas', 'sostenidas', etc., en un proceso evaluativo que *no coincide* con el de los programas justificacionistas heredados. *Y, para Hanson, éste es el contexto de estudio de la lógica del descubrimiento.*

PROCESOS DE DES-CUBRIMIENTO	CMH	HANSON
(i) **Invención**	*. . Estudio . .*	*Estudio empírico*
. . . .	*empírico*	. . . .
(ii) **Evaluación**		*Estudio empírico* y *filosófico:*
		LOGICA DEL DESCUBRI-MIENTO

Fig. 2: El contexto de descubrimiento según la Concepción Heredada y N.R. Hanson

Analicemos las dos instancias separadamente.

(i) *Invención.* Tal como podemos apreciar en el párrafo citado, Hanson, *qua* filósofo, no está interesado en los procesos de invención, generación o innovación. El descubrimiento –entiende– depende *esencialmente* de 'intuición', '*insight*', 'conjetura inspirada' y 'genio' (cfr. 1965a:61). Bajo esta concepción de los procesos de descubrimiento, y coincidiendo con los filósofos de la CMH, Hanson afirma que *no* existe un análisis lógico apropiado para el «intrincado y misterioso complejo psicológico» que acaece cuando surgen nuevas ideas (cfr. 1965b:43).

Muchos autores que se ocupan de su obra, sin embargo, parecen entender lo contrario, y ofrecen interpretaciones que podríamos denominar 'generativistas'. Kyburg (1968:5-6), por ejemplo, quien define a la lógica del descubrimiento como «una lógica que puede dar pistas hacia clases de hipótesis que merecen ser testeadas», dice que aunque la mayoría de los escritores descarta la existencia de tal lógica, «existen excepciones como las de N. R. Hanson». Langley *et al.* (1987:44), por su parte, señalan que Hanson ha desafiado la idea de que «el proceso de *generación* de teorías es misterioso e inexplicable». Según Snyder (1997:584), para Hanson una hipótesis es «*inventada* por una cierta clase de razonamiento a partir de los datos». Para Schaffner (1980:174), Hanson entendió que «existe una clase de razonamiento, denominada 'inferencia abductiva', la cual captura el tipo de razonamiento implícito en los *descubrimientos* científicos creativos». Para Kneller ([1978]:114), Hanson, con su abducción, presenta «un modo de razonamiento que lleva a la *formación* de hipótesis». Para Flage y Bonnem (1999:3-4), «existen afinidades conceptuales entre el método de análisis [el método de descubrimiento de los geómetras griegos]» y el método que propuso Hanson. Andersson ([1988]:113), por su parte, interpreta que Hanson pensó «que es posible encontrar un *método de descubrimiento científico*». Aliseda-Llera (1997:17) entiende que Hanson «concibe a la explicación como un proceso de descubrimiento», en donde «explicar implica la *invención* de nuevos conceptos». En la opinión de McLaughlin (1982a:83), Hanson pretendía ofrecer argumentos de «genuina *invención*». De acuerdo a Kantorovich (1994:4-5), este autor intentó «representar los procesos *generativos* de descubrimiento». En palabras de Martínez Velasco (1993:14), Hanson se ocupa «del *descubrimiento* y la *innovación*». Según Kapitan (1992:2), el de Hanson es un «típico método *de descubrimiento*». Tweney *et al.* (1981:7) preguntan retóricamente: «¿existe una filosofía del *descubrimiento*?», para responder de inmediato: «algunos autores (p.ej., Hanson 1958a) han dicho que sí». Gigerenzer (1992:332) opina que «Hanson [(1958a)] buscó una lógica del descubrimiento monolítica». Gutting (1980:221), por su parte, indica que Hanson da una «respuesta afirmativa» a la pregunta «¿'existe una lógica *del descubrimiento*'?», y Niiniluoto (1999:440) consigna que «Hanson sugirió ...[que la abducción] puede ser interpretada como dando una 'lógica *del descubrimiento*'» (en todos los casos el subrayado me pertenece). ¿Cómo es posible que existan interpretaciones de esta clase?

En su primer libro, *Patterns of Discovery* (1958a), Hanson *parece* intentar una línea argumentativa para explicar de qué modo surgen las hipótesis, y es posiblemente este texto el que da lugar a las interpretaciones 'generativistas'. En el capítulo IV, por ejemplo, siguiendo intuiciones de los teóricos de la Gestalt y de las *Philosophical Investigations* de Wittgenstein, Hanson propone la idea de «patrón de descubrimiento». Las teorías, argumenta, proporcionan marcos o patrones conceptuales dentro de los cuales los datos se hacen inteligibles; constituyen una «'gestalt conceptual'». Un descubridor ve una solución a una anomalía por las mismas razones que un astrónomo ve un telescopio donde su hijo de ocho años sólo ve un tubo de cobre. La observación está moldeada por el conocimiento adquirido; nuestros patrones perceptuales están cognitivamente cargados de práctica y tradición.

Pero este enfoque presenta una importante limitación. Puede llegar a sugerir que el *insight* responsable del surgimiento o de la cristalización de las hipótesis está 'educado' por el conocimiento previo o 'controlado' por reglas de una tradición de investigación, pero no da una respuesta *metodológica* al cómo surgen las hipótesis. (Y ésta —a juzgar por el contexto de sus afirmaciones— es la clase de respuesta que Hanson buscó). Por lo tanto, cuando Hanson dice que un científico 've' una solución a un problema, sólo puede estar queriendo decir que el científico la 've' porque la solución de alguna manera ya está dada, porque ha 'aparecido repentinamente' en su mente, y aquí no puede hablarse de 'lógica' en sentido constructivo ni reconstructivo. Así como las anomalías se presentan como tales contra el trasfondo de 'lo conceptualmente comprensible' para nosotros, es en estos mismos términos que se pondera qué hipótesis podrían funcionar y qué hipótesis no podrían funcionar (cfr. 1958a:IV). Su modelo explicativo de «patrones de descubrimiento», por lo tanto, no es un modelo para el *surgimiento* sino para el *reconocimiento* de hipótesis25. E incluso, podríamos agregar, es un modelo que descansa en postular cualidades comprensivas en el científico más que reglas objetivas en la investigación –en contraposición, en su enfoque de «lógica del descubrimiento» que veremos a continuación, Hanson intentará la construcción de un modelo metodológico explicativo con reglas objetivas de investigación. De este modo, y a pesar de la existencia de interpretaciones 'generativistas' de la obra de Hanson, parece mucho más plausible sostener la interpretación rival de que este autor *no* está interesado en los aspectos relacionados a la *invención* de hipótesis, sino sólo de sus aspectos evaluativos pre-testeo. Rescher (1960), respecto a *Patterns*, dice que este título hubiese sido más adecuado si hablara de 'explicación' más que de 'descubrimiento'.

Hanson, sin dar razones de su decisión –quizá el no estar dispuesto a adoptar la naturalización de la epistemología a la que su modelo de «patrones» parece conllevar–, abandona el enfoque 'gestáltico' del descubrimiento26. Sosteniendo que «es posible ser guiado por intuición y

---

25. «[L]as hipótesis que se le ocurren al investigador son, al menos en parte, una *función de su conocimiento previo*» –dice en su (1969a:227). Pero con esta afirmación no está sosteniendo que este conocimiento es causalmente responsable de la 'ocurrencia' de la hipótesis, ya que en la misma página hace un comentario respecto al rol *evaluativo* del conocimiento básico: «en ausencia de conocimiento detallado de un tema particular» –dice– «no podemos hacer *juicios* bien fundados en relación a la *relevancia* de las hipótesis» (*ibid*. Las itálicas son mías).

26. Ocasionalmente, algunos autores subrayan el potencial metodológico de este enfoque. Cfr., por ejemplo, Kisiel (1980). Sin embargo, en la literatura sobre el tema no han aparecido artículos que lo desarrollen más profundamente. Una ya lejana e interesante excepción puede encontrarse en Farre (1968). Para discusiones del enfoque gestáltico de Hanson, cfr. Aronson (1984) y Wright (1992).

al mismo tiempo razonar cuidadosamente» (1963:461), en sus artículos posteriores se ocupa de lo que presenta como el lado opuesto del «mismo ángulo epistemológico» (cfr. 1958a:184): el problema *inferencial* del descubrimiento.

(ii) *Evaluación*. La siguiente cita nos ayudará a precisar con toda claridad cuál es el ámbito de interés de Hanson:

> «[Con el uso de la expresión] "lógica del descubrimiento" no se [pretende] prestar atención a los procesos genéticamente responsables de *H*, sino a *la justificación que podría haber para sugerir H*, incluso antes de que *H* haya sido sujeta a experimentación» (1960:183; itálicas agregadas).

En otras palabras, Hanson está interesado en el aspecto *evaluativo* o *crítico* de los procesos de invención (aquí, por supuesto, utilizo el término 'crítico' en el sentido neutro de 'juicio', 'análisis' o 'evaluación', el cual no implica cualificación negativa). Específicamente, está interesado en los aspectos críticos *pre*-consecuenciales o *pre*-testeo. Hanson:

> «[Se busca] argumentar que del mismo modo que se puede dar buenas razones para aceptar *H* después de que ésta ha sido probada de modo exitoso en las predicciones (y ha ajustado con las teorías existentes), *es posible dar buenas razones para la sugerencia original de una H antes de comenzar su escrutinio teórico o experimental*» (1960:183; el subrayado me pertenece).

En esto coinciden autores como Schon (1959:501), quien establece que Hanson da «una clase de lógica de la evaluación primaria –como opuesta a la lógica de la evaluación secundaria que es la lógica de la prueba», y como Kleiner (1990:77), quien entiende que Hanson «divide a la metodología científica en dos componentes, el de ponderación previa ...y el de ponderación posterior». Su afirmación, en síntesis, será que hay criterios racionales para reconocer que una 'conjetura inspirada' puede ser realmente inspirada *antes* de que sea sometida a un proceso de confirmación.

Consideremos, a fin de ejemplificar esta concepción, la hipótesis 'mineral' *L*:

> *L*: El lado oscuro de la Luna es de roca pura, y no hay ninguna forma de vida en ella

Según Hanson, *después* del arribo de la primera sonda lunar tuvimos excelentes razones para aceptar –o rechazar– *L*. Pero *antes* de haber recibido alguna señal de esa sonda *ya* teníamos buenas razones para pensar que la hipótesis finalmente exitosa acerca de la superficie lunar sería sobre su árida naturaleza mineral y no sobre la existencia de ciudades, o selvas, o vestigios humanos, etc. (cfr. 1960).

Hanson, como vemos, se interesa en lo que sucede *antes* de la experimentación o el testeo efectivo –y, en particular, en las *razones* para considerar una hipótesis con anterioridad a su justificación–; no en el modo en el que surgen las hipótesis luego disponibles. Él, de modo idéntico a Peirce (cfr. FIG.1; I.2), distingue entre razones para *aceptar* hipótesis, de razones para *sugerir* hipótesis en primer lugar (cfr. 1960:182-3), demarcando de este modo entre un contexto de justificación de un contexto de plausibilidad. Por supuesto, implícitamente quedan fuera de esta demarcación normativa las descripciones de los procesos para *formular* hipótesis, las que pertenecen al tradicional contexto de descubrimiento[27].

---

27. Respecto a estos procesos, la única diferencia importante con Peirce radica en que mientras este autor explica los procesos de descubrimiento mediante la noción metafísica de '*luz natural de la razón*', Hanson lo hace mediante las nociones de 'intuición', '*insight*', 'conjetura inspirada' y 'genio'; en otras palabras, mediante la noción psicológica de '*luz gestáltica de la razón*'.

Entre las razones para *aceptar* una hipótesis, Hanson menciona su derivabilidad a partir de otras hipótesis ya aceptadas, la deducción de enunciados sobre *nuevos* fenómenos a partir de ella, y el hecho de que sea *confirmada* por sus propias consecuencias «usadas como predicciones» (cfr. 1958b:1074). Entre las razones para *sugerir* una hipótesis, menciona razones explicativas, analógicas, estéticas, etcétera. Hanson incluso se preocupa en subrayar que éstas son *razones* (razones «como opuestas a intuiciones»; cfr. 1961:24), y que, aunque también en ocasiones pueden ser razones de justificación, son razones de diferente *clase* que las típicas razones de justificación (cfr. 1961:230; volveré sobre este tema en el capítulo IV). Recordemos que los criterios o razones para aceptar se basan en evidencia de *distinta clase*. Las razones de aceptación se basan en evidencia consecuencial; es decir, en evidencia obtenida en el proceso de justificación, en tanto las razones para sugerir se basan en la 'vieja' evidencia, la evidencia que plantea el problema.

Veamos un ejemplo de uso de una razón (abductiva) analógica. Supongamos que se ha propuesto a la hipótesis H_2 para explicar a los fenómenos problemáticos f_2. De acuerdo a las metodologías justificacionistas, el único modo de evaluación posible de esta hipótesis es mediante algunos de los procedimientos HD antes expuestos (cfr. capítulo I). Por ejemplo, deduciendo enunciados sobre nuevos fenómenos a partir de H_2 y sometiéndolos a testeo. El modelo analógico propone *otro* mecanismo evaluativo. Supongamos que sabemos que la hipótesis H_1, la cual explica a los fenómenos f_1, ha sido confirmada por testeo empírico. Si los fenómenos f_1 son similares a los fenómenos problemáticos f_2, y si los mecanismos y entidades postulados por la hipótesis H_2 son similares a los que constituyen a la hipótesis H_1, entonces la regla de analogía nos dirá que es plausible sostener provisoriamente a la hipótesis H_2. En este caso, mediante el empleo de una regla no-empírica, se da un traspaso indirecto de información empírica (obtenida previamente por testeo). (De acuerdo a la versión HD, recordemos, el único modo de sostener a H_2 de modo racional consistiría en el proceso de deducir enunciados particulares a partir de esta hipótesis y en testearlos exitosamente).

Como podemos apreciar, ambas clases de razones —«razones para *aceptar*» y «razones para *sugerir*»— son *evaluativas*. En las razones de la primera clase se evalúa a las hipótesis mediante la ponderación del apoyo empírico que le conceden los nuevos datos. En las razones de la segunda clase, se evalúa a las hipótesis transfiriendo información empírica mediante criterios no-empíricos o, mejor, no-(directamente)-empíricos. Sobre la base de esta distinción podemos decir que con su concepto de 'plausible' Hanson no puede estar pensando en procesos de descubrimiento. Por lo tanto, volviendo al ejemplo citado, no importa cuál es el origen de la hipótesis 'mineral' *L*, o de las hipótesis rivales nombradas anteriormente28. Como indiqué en (i), vemos a *esas* hipótesis –y no, p.ej., a hipótesis con elementos mitológicos– como rivales naturales porque las vemos desde una cosmovisión determinada; desde un 'patrón conceptual', podríamos decir. Pero esto no es lo importante. Lo importante es saber si hay *razones* para trabajar en una de esas hipótesis más que en otras y, de ser así, establecer *qué* razones, y *cómo* y *por qué* funcionan. «Se hacen inferencias *durante* el descubrimiento» –defiende Hanson (1963:461). Y el análisis de estas inferencias es la tarea que él asigna a una lógica del descubrimiento.

3.3. *La lógica del descubrimiento y la lógica de la plausibilidad en Hanson*

Ya estamos en condiciones de especificar con más precisión la naturaleza dc la 'lógica del descubrimiento' de Hanson. Por todo lo visto hasta aquí, podemos apreciar que este autor está interesado en un *estudio filosófico del aspecto evaluativo del contexto de descubrimiento*, es decir, en el análisis

---

28. Elegí este ejemplo simple porque exhibe que el planteo de esta clase de hipótesis no requiere ni de un conocimiento experto ni de una gran imaginación. En los próximos capítulos me ocuparé de ejemplos científicamente más interesantes, como el de la tercera ley de Kepler desarrollado por Peirce y por Hanson, y como los del descubrimiento de Neptuno y del descubrimiento de la estructura del ADN.

normativo de las razones pre-testeo de los científicos. Desde este punto de vista, adquieren inteligibilidad las funciones que, según pretende, realiza su «lógica del descubrimiento». Ésta, afirma, debe ocuparse de:

–Las consideraciones conceptuales pertinentes a la *propuesta inicial* de una hipótesis (cfr. 1958b:1073).

–Los razonamientos que *subyacen* a la *sugerencia original* (*initial suggestion*) de una hipótesis (cfr. 1960:183 y 1958b:1074)

–Las razones que hacen de una hipótesis una conjetura *plausible* (cfr. 1958b:1074)

–Las razones para *proponer* una hipótesis en primer lugar (cfr. 1958a:71).

–Las razones que *otorgan plausibilidad* a una conjetura (cfr. 1965a:50)

–Las razones para *considerar* una hipótesis (cfr. 1958b:1077; en todos los casos las itálicas me pertenecen)29

Posiblemente, la expresión «lógica del descubrimiento» no sea la más adecuada para designar esta clase de tarea. Hanson admite que dado que tradicionalmente la idea de descubrimiento ha sido asociada a las de 'intuición', 'azar', 'genio', etc.– las palabras 'lógica' y 'descubrimiento' parecen «no ajustar» juntas. Sin embargo, sostiene que existe lugar para «una investigación *conceptual*» del descubrimiento, una denominada, «con toda propiedad, lógica del descubrimiento» (cfr. 1965a:49).

---

29. En sentido estricto, la propuesta de Hanson –al menos en sus últimos artículos– es sobre las razones que existen para proponer *clases* de hipótesis o hipótesis *de trabajo*. Dado que aquí sólo interesa definir el plano de análisis y la amplitud de las tareas de las que se ocupa este autor, no analizaré este problema aquí, y volveré sobre él en el capítulo (IV).

Autores como Salmon (1967), Kordig (1978) y Lamb y Easton (1984:II) han sostenido que Hanson debiera haber llamado a su lógica «lógica de la sugerencia plausible» o «lógica de la plausibilidad»30. Sin duda, esta última expresión es más adecuada para designar su propuesta. De hecho, en algunos de sus artículos Hanson habla de «razones de plausibilidad» (cfr., por ejemplo, 1961b:40) o de «espacios de posibilidad y plausibilidad» (cfr., por ejemplo, 1971:64-6). Aunque adoptaré el término 'plausibilidad' por ser más apropiado para designar la clase de análisis que Hanson intenta, lo importante a subrayar en este punto es que este autor pretende que su 'lógica de [la plausibilidad]' dé un análisis de las actividades evaluativas que acontecen *fuera* y *antes* del contexto de justificación.

Los criterios de plausibilidad y la abducción. Entre las 'razones' o 'criterios' de descubrimiento –o, de aquí en más, de *plausibilidad*–, Hanson menciona el poder explicativo, la analogía, la autoridad, la simplicidad, la simetría, la elegancia estética y la fertilidad exploratoria (cfr. 1958b, 1961 y 1965-a). Estos «fantasmas de la metodología» (1960:186), sostiene, «cumplen una función *racional* dentro del ataque del descubridor a lo desconocido» (1965a:61). Como podemos apreciar, algunos de estos criterios pretesteo no son criterios formales como los que introdujo Popper en su conocido estadio de '*aceptabilidad 1*' (o 'aceptabilidad *a priori*'), ni pragmáticos como los que introdujo Peirce en su esquema metodológico abductivo (cfr. el punto 2 de este capítulo). Varios son criterios *materia-*

---

30. La interpretación de Salmon de la propuesta de Hanson, sin embargo, difiere de la que presento aquí. Salmon, entendiendo que Hanson «ha unido argumentos de plausibilidad y descubrimiento» (1967:114), pregunta retóricamente: «¿qué sería razonable demandar de una lógica del descubrimiento si es que existe algo así? Hanson, y Peirce antes de él, respondieron que ...debería *generar* conjeturas plausibles» (p. 113; el subrayado es mío). Tal como argumento aquí, Hanson no propone su 'lógica de' para «generar» nuevas hipótesis, sino para *evaluar* –para estimar la plausibilidad de– hipótesis ya generadas. Donde Salmon interpreta un error conceptual, yo interpreto una imprecisión terminológica.

les y, por lo tanto, desde un punto de vista realista pueden tener valor epistémico.

En el ejemplo de la superficie lunar presentado anteriormente, nuestras razones para preferir *L* son razones principalmente *analógicas*: provienen de lo que sabemos acerca del lado visible de la Luna, y de nuestro conocimiento de que la superficie de los satélites planetarios ya inspeccionados es regular. De modo que, sobre la base de esas razones, podemos considerar *plausible* la afirmación de que cualquiera sea la constitución física particular de la cara no observada de la Luna, ésta será semejante a la cara observable. Aunque este argumento serviría para proponer, sugerir, considerar, sostener, etc., la 'hipótesis mineral', puede no ser suficiente para inclinarnos a aceptarla. Esta es la afirmación central y más debatible de Hanson, y el supuesto básico de todas las lógicas de la plausibilidad desarrolladas posteriormente. (Me ocuparé de este problema en el capítulo III).

Hanson entiende que las razones o criterios de plausibilidad pueden ser agrupados en una forma inferencial denominada «abducción». Esta forma inferencial, sostendrá citando a Peirce (5.188), «aunque escasamente limitada por reglas lógicas es una inferencia lógica, ...tiene una forma lógica perfectamente definida». Hanson la expone así (cfr. 1958a:86):

–Se observan ciertos fenómenos anómalos, F ($f_1, f_2, f_3, ...$)

–Los fenómenos F no serían sorprendentes o anómalos si H fuera verdadera –si pudieran seguirse directamente de H; si H pudiera explicar F

–Existen buenas razones para sugerir H –para proponerla como una hipótesis *plausible* a partir de la cual los fenómenos F podrían ser explicados

71

Nickles (1980:23), luego de presentar el esquema abductivo de Hanson sostiene que este autor «afirmó estar dando un método lógico para *concebir o generar* nuevas ideas, *pero el esquema [abductivo] fracasa en hacer esto*» (las itálicas son mías). Prueba de este fracaso, para Nickles, es que «la hipótesis H *aparece en las premisas* y no simplemente en la conclusión del argumento», por lo que ya está dada (*ibid.*). Musgrave (1989:19), por su parte, sostiene que la «poco elegante» variación de Hanson de la abducción de Peirce «no pertenece al contexto de descubrimiento, porque *la hipótesis figura en las premisas* y no se dice nada acerca de cómo fue descubierta». McLaughlin (1982a:84) hace consideraciones similares: «en la [segunda] premisa, H es considerada como *dada*; ...la nueva H aparece *explícitamente*, y sin ninguna explicación de su génesis». Prodi (1993:108), comenta que «si el proceso de descubrimiento pretende ser adecuadamente representado por el esquema abductivo, la novedad debe surgir en la conclusión, pero la inferencia abductiva contiene como parte de una de sus premisas una referencia directa a la hipótesis explicativa»[31]. Esta clase de argumentaciones revela, claramente, una mala o una incompleta lectura de la obra de Hanson por parte de estos autores. La abducción no 'fracasa' en prescribir o reconstruir la generación de una hipótesis; la abducción, simplemente, no se propone para realizar ninguna de estas tareas. En la *misma* página en que presenta su esquema abductivo, Hanson aclara que «H no puede ser inferida abductivamente *hasta que su contenido se despliegue* en [la segunda premisa]» (1958a:86; el subrayado es mío. Peirce (5.189) hace una observación similar casi en los mismos términos). Este comentario no sería factible si Hanson pensara que la abducción cumple una función distinta de la de *evaluar* H. Para Hanson la hipótesis H ya está dada, y el despliegue de su poder explicativo permite ponderarla críticamente a fin de decidir si es o no es plausible.

---

31. Curiosamente (o no), esta clase de argumentos contra la formulación de la abducción por parte de Hanson replican los argumentos empleados por varios autores contra la formulación de la abducción por parte de Peirce. Cfr., p.ej., Frankfurt (1958).

Considerando que la presentación 'ortodoxa' de la abducción no subraya que los fenómenos a explicar proveen evidencia para la hipótesis que los explica, que no explicita la presencia subyacente de los criterios no-empíricos en el juicio evaluativo, y que tampoco indica el carácter *comparativo* del esquema inferencial –elementos que, tal como mostraré más adelante, están contemplados en el programa de Hanson–, adopto la siguiente formulación analítica de la inferencia abductiva:

Esquema abductivo

1. Evidencia *e* dada por los fenómenos problemáticos *F*

2. Conocimiento básico *Cb*

3. Criterios *no*-directamente-empíricos de elección (analogía, simplicidad, etc.)

4. Hipótesis rivales H_1, H_2, H_3, ..., H_n existentes

– (H_1 explica *F* mejor que las hipótesis rivales disponibles)

---

5. Tenemos buenas razones para adoptar tentativamente a H_1 como una hipótesis *plausible* y trabajar sobre ella *en primer lugar*

1. El punto (1) de la figura alude a que la *única* evidencia que considera este esquema inferencial es *la evidencia que plantea el problema*; es decir, la 'vieja' evidencia, no la 'nueva' evidencia que pueda ser obtenida en el proceso de justificación. Esta premisa refleja una característica importante de la práctica científica: generalmente (aunque no excluyentemente) la investigación comienza a partir de un problema; es decir, de una anomalía empírica o teórica inesperada, que produce asombro. No se trata, por supuesto, del 'asombro' aristotélico ante el hecho de que las cosas sean, sino del asombro peirceano ante las cosas que no son como lo prevé la teoría aceptada hasta ese momento.

2. El punto (2) subraya un aspecto contextual importante, ya advertido por la mayoría de los teóricos de la evaluación: que las nuevas hipótesis no se someten a evaluación en un vacío epistémico, y que deben guardar relaciones de implicación, coherencia, consistencia, etc., con las hipótesis previas y con la evidencia no problemática ya existente.

3. El punto (3) explicita la presencia de criterios *abductivos* de analogía, simplicidad, autoridad, etcétera, criterios no-directamente-empíricos que, de modo indirecto, transfieren apoyo de la experiencia a hipótesis aún no testeadas. Para dar un ejemplo: supongamos que se ha verificado que la hipótesis H_1 explica a los fenómenos f_1, y que en una situación determinada se ha propuesto a la hipótesis H_2 para explicar (acomodar) a los fenómenos problemáticos f_2. Si los fenómenos f_1 son similares a los fenómenos problemáticos f_2, y si los mecanismos y entidades postulados por la hipótesis H_2 son análogos a los que constituyen a la hipótesis H_1, entonces el esquema abductivo nos dirá que es plausible adoptar provisoriamente a la hipótesis H_2.

4. El punto (4) indica que la evaluación AD es *comparativa*, ya que se elige a una hipótesis dentro de un *conjunto* de hipótesis rivales. He agregado que se trata de hipótesis rivales *existentes* para subrayar que este esquema no se enfrenta al problema de dar cuenta del *origen* de las hipótesis. En mi opinión, es debido al hecho de que los juicios abductivos emplean para sus decisiones la *misma* evidencia que plantea un problema que reclama solución, que se suele suponer que la AD es una 'lógica' para *hacer* descubrimientos. Pero, evidentemente, el esquema inferencial que acabo de presentar no permite *generar* ninguna clase de hipótesis; al menos, en el sentido de que la aplicación explícita de criterios no-empíricos a la evidencia no permite construir mecánicamente ninguna hipótesis. Si esta caracterización de la AD es válida, en el tradicional contexto de descubrimiento debemos trazar una distinción entre descubrimiento y plausibilidad, y poner a la AD en el contexto de plausibilidad.

Por último, en la conclusión del esquema, la línea negra nos dice que, dadas las premisas, podemos adoptar tentativamente a H_1 como una hipótesis *plausible*, y trabajar sobre ella *en primer lugar*.

Quiero subrayar las expresiones 'adoptar tentativamente' y 'trabajar sobre ella *en primer lugar*'. Estas expresiones nos indican que la adopción dictada por el juicio abductivo es *provisoria*, y que sólo sugiere un ordenamiento de plausibilidad; es decir: que la abducción da indicaciones sobre cómo comenzar una línea de investigación, no especificaciones para tomar un rumbo y bloquear las líneas de investigación alternativas. Recordemos que una de las máximas de Peirce era «no bloquear el camino de la investigación» (1.135).

3.4. La 'lógica' de Hanson y la naturaleza de la inferencia

> *La exhaustiva y excluyente dicotomía '¿psicología o lógica?' puede ocasionalmente ganar debates, pero no el galardón de la verdad.*

> **N.R. Hanson**

Cuando propone su 'lógica del descubrimiento' Hanson utiliza, según dice, el término *lógica* en su «sentido tradicional» (cfr. 1965a:49). Aunque a este respecto no se remite explícitamente a Peirce, parece compartir con este autor la idea de que en el contexto de plausibilidad el filósofo puede ocuparse de las *relaciones formales* entre premisa(s) y conclusión, entre evidencia e hipótesis, entre «la iniciación de un problema científico y su solución» (*ibid.*).

> «¿Qué es una *inferencia?*» –pregunta retóricamente Hanson. «Exhibir de modo preciso la naturaleza de la inferencia» –responde– «es una de las tareas más complejas de la filosofía analítica. Sin embargo, aquí es suficiente con decir que una afirmación encadenada a otra afirmación por medio de expresiones como

"de modo que" o "por lo tanto", constituye una inferencia»
(1969a:295).

Tradicionalmente, las 'leyes de inferencia' aludían a los principios que permitían juzgar el carácter demostrativo de ciertos argumentos. Eran –solamente– leyes 'deductivas'. Los lógicos inductivistas extendieron su ámbito crítico incluyendo principios que les permitieran estimar la implicación parcial o la probabilidad de la conclusión de los argumentos inductivos. Hanson, siguiendo a Peirce, intenta aumentar el número de 'leyes' de inferencia incorporando principios con los cuales se pueda juzgar la plausibilidad de las hipótesis. Como vemos, en cada caso la conexión entre hipótesis y evidencia, ya sea necesaria, probable o plausible, pretende ser lógica. Más allá de la legitimidad de las mencionadas extensiones, lo importante a considerar aquí es que, *en todos los casos*, los principios lógicos propuestos son de *evaluación*. Permiten juzgar proposiciones o hipótesis *ya construidas* (o en proceso de construcción, pero lingüísticamente enunciables); realizan una tarea crítica, no una tarea generativa.

A fin de caracterizar mejor a las reglas de inferencia quizá sea de utilidad confrontarlas con las reglas heurísticas que conforman a las *ars inveniendi*[32]. 'Heurística' es un término de raíz griega que significa «ayudar a

---

32. Quizá, antes que demarcar tajantemente entre reglas heurísticas y reglas inferenciales, pueda ser más adecuado hablar de una *función* heurística y de una *función* inferencial (en el sentido básico de evaluativo) de las reglas, ya que muchas cumplen esta doble función.

Este modo de concebir a las reglas tiene –como todo en la filosofía– un antecedente histórico. Tal como consigna Couturat ([1901]:177-81), Leibniz, quien interpretaba a las reglas de 'análisis' (de su *ars inveniendi*) como reglas heurísticas y a las de 'síntesis' (de su *ars demostrandi*) como reglas evaluativas, en un período más tardío de su obra abandonó esta posición entendiendo que *tanto* las reglas de análisis como las de síntesis tienen funciones heurísticas *y* funciones evaluativas (en su cosmovisión moderna, demostrativas). Hecha esta aclaración, y dado que *no todas* las reglas tienen este carácter dual, por razones de simplicidad expositiva hablaré simplemente de 'regla

encontrar». La definición es amplia, pues con 'heurística' o 'regla heurística' hoy en día se designa a gran cantidad de reglas, principios o consejos. Las heurísticas tradicionales eran un conjunto de estrategias o principios generales de acción. Pretendían ser preceptivas para ámbitos tan dispares como el discurso político, el poético y el matemático, o incluso para el romántico o el bélico. Valían sobre todo como consejos; eran más bien un inventario de ejemplos y experiencias y, como tal, contemplaban la contradicción sin aspirar a dirigir infaliblemente el ingenio. Pueden encontrarse elementos heurísticos en textos como el *De la invención* de Cicerón, el *Arte Poética* de Horacio, las *Colecciones* de Pappus, algunas obras de Aristóteles, los tratados de retórica y, en general, toda obra que dé consejos generales de acción, tales como *El arte del amor* de Ovidio o *El arte de la guerra* de Sun Tzu. En la filosofía de la ciencia contemporánea, el término 'heurística' se utiliza como opuesto a *algorítmico* o *mecánico* (cfr., p.ej., Simon 1973), como opuesto a *infalible* (cfr., p.ej., Polya 1957), o como opuesto a *epistémico* (cfr., p.ej., Laudan 1981:II). Sin embargo, aunque todos estos conceptos están muy relacionados, *no son* necesariamente equivalentes.

Hanson, cuando argumenta a favor de la lógica abductiva, intenta defender que

> «Existe lugar para la lógica entre el surgimiento psicológico de un descubrimiento y la justificación de ese descubrimiento mediante predicciones exitosas» (1961:22).

Como esta clase de afirmaciones puede conducir a equívocos, es importante observar que Hanson no está defendiendo una ampliación del dominio de la lógica en el sentido en que el primer Lakatos reclamaba

---

heurística', especificando que se trata de una *función* heurística de esas reglas sólo si es necesario.

un lugar para la heurística33. Hanson insiste en que se debe distinguir entre las tendencias «formalizadoras» de las axiomatizaciones de la CMH, y las descripciones de los biógrafos que se ocupan de los procesos de pensamiento y de los condicionamientos psicológicos de los descubrimientos (cfr. 1971:65-7). Sin embargo, en el «término medio» en el que pretende situar a su empresa filosófica no incluye un análisis normativo de las reglas heurísticas sino sólo de las reglas *inferenciales*; es decir, *evaluativas*[34].

Una regla heurística —un consejo general o una guía de *acción*— tal como 'ir de lo simple a lo complejo' es una enunciación que no puede ni pretende *fijar* creencias. Como ya he indicado, cuando Hanson se refiere a un 'sentido tradicional' de lógica busca que su abducción cumpla un rol lógico equivalente al de la inducción; es decir, *evaluativo*. Es en este sentido que sostiene que «los procesos *genéticamente* responsables» de una hipótesis «pueden *no* tener ninguna justificación» (cfr. 1960:183); esto

---

33. En una de sus primeras obras, Lakatos defendió que «es posible que [entre psicología y lógica] exista un *limbo* para una heurística 'genuina' que sea racional y no psicologista» ([1974]:182 *n*5). En este período, Lakatos preservaba para el término 'heurística' su original sentido griego de regla prescriptiva de solución de problemas (para esta concepción, cfr., especialmente, su Lakatos [1963-4]). En obras posteriores, sin embargo, Lakatos comienza a utilizar este término de un modo bastante *sui generis*, designando reglas normativas para *explicar* el desarrollo científico. Este desplazamiento meta-metodológico se adecua, según este autor, al «uso moderno» de metodología (cfr. su [1971]).

34. Ao destacar que Hanson não se ocupa das regras heurísticas, me refiro às regras estritamente heurísticas que acabo de definir; ou seja, as regras de ação que 'ajudam a encontrar'.

Vários autores entendem que a abdução, ao indicar um caminho de investigação, é uma regra heurística. A meu entender, essa classe de indicação não responde ao sentido *fortemente* heurístico das *ars inveniendi*. Por esta razão, quando daqui para frente utilise o termo 'heurística' sem nenhuma cualificação me referirei ao seu sentido forte; isto é, construtivo ou inventivo.

es: pueden no ser susceptibles de reconstrucción racional sobre la base de reglas inferenciales.

Podríamos decir entonces que por no considerar a las reglas heurísticas, el programa de Hanson es de corte más tradicional que el de Lakatos35. En su (1960), por ejemplo, Hanson objeta una suposición 'pre-lakato-siana' de Schon (1959), en la que éste comenta que puede haber reglas pautadas para la construcción de hipótesis. Al afirmar que algo lógico subyace a los procesos de generación, replica Hanson, Schon «colapsa» factores lógicos y psicológicos en algo que llama 'metodología'.

3.5. La lógica del descubrimiento como disciplina prescriptiva

Una de las confusiones habituales sobre la lógica del descubrimiento tiene que ver con la expectativa de que ésta debería dar reglas de cons-trucción de aplicación en la práctica científica. Esta idea, que –tal como he indicado en el capítulo (I)–, estaba presente en las heurísticas clási-cas, llegó a su máxima expresión con la Revolución Científica del siglo XVII, donde varios autores manifestaron su convencimiento de que podían desarrollar una *lógica* con reglas formalizadas y estructuradas de modo tal que pudiera conducir *infaliblemente* al descubrimiento.

Como ya indiqué, el atractivo de este ideal metodológico, así como su difusión en las décadas siguientes por la Royal Society y los intérpretes empiristas de Newton, contribuyeron a que esta imagen mecánica del método se mantuviera históricamente activa hasta mediados del siglo XX –de hecho, las críticas de la CMH a que no existen reglas de descu-brimiento conservan este referente– y quizá hasta nuestros días.

---

35. Ya sea del 'primer' o del 'segundo' Lakatos. Zahar (1983), en una presentación de la obra del 'segundo' Lakatos, opina que la propuesta de éste es similar a la de Hanson. Creo que esta interpretación es errónea, pues si bien Hanson se interesa en el *mismo* plano de análisis que Lakatos; es decir, el *normativo*, las reglas que admite son más restringidas, pues *sólo* son las inferenciales.

Pero esta caracterización mecánica de lógica del descubrimiento fue perdiendo fuerza progresivamente, para ser totalmente abandonada por la metodología contemporánea, la cual pasó a ocuparse exclusivamente de las reglas de justificación (cfr. I.2.1). El propósito de este apartado es consignar que Hanson en gran medida acepta esta 'inversión metodológica', ya que su objetivo epistemológico se mantiene dentro del plano *evaluativo*. Él aclara específicamente que no confunde a una 'lógica del descubrimiento' (es decir, a su lógica de la plausibilidad) con un 'manual para hacer descubrimientos' (cfr. 1965a); que no está interesado con 'recetas' cuya aplicación pueda hacer de un hombre común un genio creativo (cfr. 1963:461). Ese 'compendio de reglas', subraya, bien podría no existir (cfr. 1958b:1073-4).

Hanson (1961b:42) concuerda explícitamente con la afirmación de Feyerabend (1961:39) de que «una 'lógica de la invención' que nos ayude a *producir* [una] ley, simplemente no existe» (el subrayado es mío). Según él, el descubrimiento depende «*esencialmente*» de genio e intuición. «La Corporación IBM» –concluye rotundamente– «¡nunca inventará un premio Nobel mecánico!» (1965a:60).

Confrontadas con estas consideraciones, una afirmación como la de Nickles (1980:23), quien sostiene que Hanson «afirmó estar dando un método lógico para concebir o *generar* nuevas ideas», carece de fundamento. Lo mismo puede decirse de Alexander (1965:219), quien comenta que Hanson «cree que existe una 'lógica del descubrimiento'... por medio de la cual *arribamos* a las hipótesis» (en las dos citas el subrayado me pertenece).

Volviendo a la distinción (analítica) entre normatividad y prescriptividad establecida en el capítulo (I), y a la distinción entre invención y evaluación (previa) subrayada en el parágrafo (3.2) anterior, podemos determinar una nueva diferenciación en nuestro análisis: Hanson –tal como acabamos de ver en esta sección– se opone a la posibilidad de dar reglas prescriptivas en la instancia de invención del contexto de descubrimiento, mientras que en (3.2) establecía como ámbito de análisis el de la instancia evaluativa o crítica de este contexto.

PROCESOS DE DESCUBRIMIENTO		
INVENCION	*EVALUACION*	
Normatividad		Argumentos explícitos *a favor* de una *lógica de la plausibilidad normativa*
Prescriptividad	Argumentos explícitos *contra* una *lógica del descubrimiento* prescriptiva	

distinción *analítica* normatividad/ prescriptividad

FIG. 3: *Argumentos normativos y prescriptivos de Hanson en el contexto de descubrimiento*

Antes de pasar a los comentarios finales, puede ser de utilidad una doble digresión. Primero, para dar una explicación histórica de la utilización aparentemente errónea del término 'descubrimiento' por parte de Hanson para designar instancias de plausibilidad. Después, para evaluar si el uso de este término, además de equívoco, es injustificado.

3.6. La plausibilidad heredada

Como he indicado anteriormente, para los autores de la CMH 'descubrimiento' es *todo* lo que no es justificación, por lo cual *no* discriminan analíticamente entre procesos de invención y procesos no consecuencialistas de evaluación. Braithwaite, por ejemplo, sostiene que el «rechazo» de hipótesis depende de la intuición de los científicos36. Reichenbach (1944:71), por su parte, llega incluso a decir que aunque las derivaciones inconcluyentes no constituyen una prueba de la validez de una hipótesis la hacen «plausible» y, por lo tanto, «representan una excelente

---

36. Cfr. su (1953:20). En su crítica a un texto de Peirce donde éste define plausibilidad como la adopción tentativa de una hipótesis antes de su testeo efectivo, Braithwaite (1934:510) sugiere que la diferencia entre «la adopción a prueba de una hipótesis» y «un acto de *insight*» «es meramente verbal», ya que depende de si se denomina 'razonamiento' al *insight*.

guía dentro del contexto de descubrimiento». Con esta clase de afirmaciones, tanto Braithwaite como Reichenbach confirman que consideran a los criterios de plausibilidad *dentro* del no-racional contexto de descubrimiento, y que *no* incluyen en sus reconstrucciones racionales elementos que pertenecen a este contexto.

En general, podría afirmarse que aun en los casos en que hicieron una discriminación descriptiva entre instancias estrictamente generativas y evaluativas, los filósofos de la CMH no admitieron la posibilidad de un análisis normativo de la plausibilidad. Un buen ejemplo puede ser el de Feigl (1970a:4), quien incluso en un texto tardío en el que presenta una versión más atenuada de la CMH original, habla de «*factores psicológicos tales como la plausibilidad...*» (el subrayado es mío).

Para dar un último enfoque a la cuestión de por qué –si mi interpretación de la propuesta de este autor es correcta– Hanson denominó instancias 'de descubrimiento' a instancias evaluativas que sería más apropiado denominar 'de plausibilidad', puede ser oportuno aludir a los trabajos de F.C.S. Schiller ([1917] y [1921]), autor al que en muchas ocasiones remite Hanson, y que seguramente ha ejercido una considerable influencia en sus ideas37. En su ([1917]), Schiller defiende que el lógico tendría que estudiar los procesos por los cuales «la ciencia corrige sus errores iniciales». A tal fin, señala, éste se tendría que preguntar qué métodos utiliza el investigador para seleccionar la hipótesis más valiosa; y, «*si es posible*», debería dar alguna indicación acerca de cómo los métodos pueden ser utilizados para construir hipótesis.

---

37. Schiller ha sido injustamente ignorado por la historiografía filosófica. Si consideramos que sus publicaciones corresponden a la década del '20 del siglo pasado, una lectura retrospectiva de las mismas no puede menos que sorprendernos por la actualidad de sus temas. Allí, puede encontrarse en estado embrionario la tesis de la carga teórica de los datos, una crítica importante a la función de la lógica, y una valoración del rol de la analogía, las hipótesis y las ideas científicas en la dinámica científica.

Como hemos visto, Hanson intenta responder a la pregunta menciona-da con la noción de «lógica del descubrimiento»; es decir, con un méto-do de plausibilidad. Respecto a la segunda cuestión, tal como hemos visto en el apartado anterior, Hanson considera que no es posible dar una lógica para construir hipótesis, al menos, una lógica mecánica. Lo importante para el punto que nos ocupa es enfatizar que en este texto Schiller concibe a todas las tareas mencionadas como propias *del descubrimiento*. O que, para él –tal como define más explícitamente en su ([1921])–, «creatividad en *inventar* y sagacidad en *seleccionar*» son «el se-creto del *descubrimiento científico*» (427; el subrayado es mío).

Si tenemos en cuenta que, hasta la época en que Hanson publicó sus textos, tanto críticos como defensores de la racionalidad del descubri-miento denominaron 'descubrimiento' a los procesos de invención *y* a los procesos de plausibilidad *sin hacer ninguna discriminación metodológica* entre ellos, podemos entender la imprecisión del vocabulario de Han-son y considerar como una valiosa contribución su propuesta de anali-zar lógicamente las razones de plausibilidad. Respecto a este último punto, es importante enfatizar que Hanson planteó por primera vez estas cuestiones en 1958, varios años antes de que la plausibilidad pasa-ra a ser considerada una 'categoría' habitual en los textos de filosofía de la ciencia. Muestra de su carácter de precursor en este área de trabajo filosófico, es que el primer Simposio sobre plausibilidad fue organizado por la American Philosophical Association recién en 1966 (cfr. el *British Journal for the Philosophy of Science*, Vol. 63, pp. 611ss.).

3.7. Hanson y sus intérpretes plausibilistas

Con diferentes argumentaciones, varios autores, a partir de un análisis de la 'segunda' etapa del pensamiento de Hanson, coinciden con la in-terpretación que presento aquí. Así, Kisiel (1980:131) establece que Hanson está interesado «en estimar si hipótesis tentativas pueden cons-tituir argumentos adecuados»; Nickles (1980), que «en sus últimos tra-bajos» Hanson concibe a la abducción como una «lógica de la evaluación previa»; Blachowicz (1987), que intenta una «estimación preliminar» de las hipótesis; Vandamme (1985), que ofrece una «lógica para justificar la plausibilidad de una hipótesis»; Jacob (1980:230), que la lógica del descubrimiento de Hanson es un esquema inferencial que no hace aceptable a una hipótesis, pero que permite eliminar una infinidad de hipótesis lógicamente posibles, y seleccionar una que merezca ser examinada más cuidadosamente.

La mayoría de estos autores, curiosamente, presentan estas conclusiones como si fuesen el resultado de sus *propias* investigaciones y no –tal como defiendo en este trabajo– de la formulación explícita del propio Hanson. Alexander (1965:230), por ejemplo, entiende que la propuesta de Hanson «tiene que ver más con la *elección* entre hipótesis ya concebidas que con la concepción de hipótesis». Leplin (1980:263), por su parte, sostiene que «Hanson puede ser criticado porque prometió una lógica del descubrimiento, pero sólo desarrolló una lógica para *seleccionar* entre hipótesis cuya invención inicial debe ser relegada a la psicología». Laudan (1980/1:181-2), comenta que Hanson «[construyó] el método de abducción como una técnica de descubrimiento científico», pero es «un método de la *evaluación*». McLaughlin (1982a:83), afirma que dio una «una reconstrucción de la *evaluación*, no de la invención». Para Thagard (1988:63), «Hanson (1958a) afirmó que la abducción constituía una lógica del descubrimiento, pero más tarde (1961) se retractó en favor de una clase de razonamiento que sólo *sugiere*... hipótesis» (en todos los casos el subrayado es mío). Como he mostrado en este capítulo, la propuesta de Hanson es clara: él, *qua* filósofo, nunca se interesó en cómo se inventa o concibe una hipótesis, sino en la evaluación filosófica de las instancias críticas en que se pondera a una hipótesis por primera vez; es decir, en la lógica de la plausibilidad –y es *explícito* acerca de este objetivo.

3.8. Síntesis y comentarios de la sección 3

1. El propósito de esta sección fue el de clarificar y precisar la concepción de Hanson de 'descubrimiento' y de 'lógica del descubrimiento'. A tal fin, utilicé la estrategia expositiva de confrontar su concepción de ciencia con la de los epistemólogos más influyentes de la primera mitad del siglo XX. Seguidamente, sobre la base de la distinción heredada 'descubrimiento/ justificación' enfaticé que Hanson se ocupó del *aspecto crítico* de lo que consideró ámbito de descubrimiento, ámbito que posteriormente otros filósofos denominaron 'de plausibilidad'. A partir de la distinción 'empírico/ lógico' mostré que Hanson se interesó en el *estudio lógico o filosófico* de este aspecto crítico, y aludiendo a la distinción 'descriptivo/ normativo' subrayé que la propuesta de este autor se mantuvo dentro del nivel *normativo* adoptado por empiristas lógicos y racionalistas críticos. Por último, precisé las diferencias fundamentales de su lógica de la plausibilidad respecto de las lógicas del descubrimiento clásicas; es decir, señalé que *su* 'lógica de descubrimiento' no es ni una máquina inferencial ni una guía heurística para construir o generar nuevas hipótesis, ni un conjunto de reglas para reconstruir o analizar procesos inferenciales mecánicos o procesos heurísticos que conducen a nuevas hipótesis.

Por otro lado, además de evaluar si fue apropiado denominar lógica 'del descubrimiento' y no lógica 'de la plausibilidad' al estudio filosófico normativo de instancias evaluativas *dentro* del contexto de descubrimiento, intenté subrayar las delimitaciones de la propuesta de Hanson. Ésta, tal como mostré, es intrínsecamente insuficiente para caracterizar filosóficamente los procesos de invención o descubrimiento en sentido estricto –si es que esta caracterización es posible. (Es importante repetir que éste fue un requisito impuesto por sus críticos –sugerido posiblemente por la expectativa generada por la equívoca expresión 'lógica del descubrimiento' utilizada por Hanson–, y no una pretensión que él tuvo para su abducción). La principal razón acotada fue que su programa posibilita reconstruir instancias evaluativas no consecuencialistas, y no los procesos que permitieron llegar a las hipótesis evaluadas en esas instancias.

MacKinnon (1980:261) entiende que, «en retrospectiva», la propuesta de Hanson parece «más una retórica acerca de la necesidad de una lógica del descubrimiento que una lógica desarrollada». Respecto a la primera parte de esta afirmación sólo podemos volver a comentar lo ya expuesto: que Hanson defendió la necesidad de una lógica *de la plausibilidad*, no de una lógica del descubrimiento. En relación a que no logró dar una lógica (de la plausibilidad) "desarrollada", podemos decir que efectivamente fue así, pero que sus categorías permitieron que otros autores prosiguieran con el que podríamos denominar programa plausibilista[38].

2. La CMH polariza la actividad científica. Esto está expresado concisamente en el *dictum* de Poincaré: «es por intuición que descubrimos, pero es por lógica que probamos». Hanson, en cambio, distinguiendo en el proceso de investigación previo al de prueba un componente intuitivo y un componente racional, puede agregar al *dictum*: «y es también por lógica que sugerimos».

Advirtamos que la distinción de Hanson no es caprichosa. Ante un problema dado podemos ensayar muchísimas respuestas −variaciones aleatorias o irrelevantes, conexiones intuitivas o arbitrarias, explicaciones alocadas, ensayos ciegos. Pero estos modos de producción no logran por sí mismos que las enunciaciones alcanzadas sean potenciales hipótesis. No basta con que la respuesta novedosa tenga la apariencia de respuesta; debe reunir ciertas características (consensuadamente)

---

38. Sería posible dar una larga lista con el nombre de algunos autores plausibilistas posteriores a Hanson: Burian, Nickles, Gutting, Martin, Kleiner, Norton, etcétera. Aunque no se podría decir que estos autores son 'hansonianos', sí es posible indicar que la mayoría de ellos reconoce el importante aporte de este autor al 'programa plausibilista'.

consideradas explicativas, y éstas sólo pueden exhibirse en una instancia crítica. La evaluación, por lo tanto, *no* es un componente separado de la creatividad o el descubrimiento.

Esta última afirmación abre paso a una posible objeción: entonces, ¿por qué no adoptar una versión *à la* Popper que haga a la evaluación *final* relevante para el descubrimiento científico?

Antes de proponer una respuesta, revisemos la concepción de Popper a partir de esta perspectiva. Popper (cfr., por ejemplo, [1934]:31-2) afirma que «todo descubrimiento contiene 'un elemento irracional' o 'una intuición creadora'», y que el único aspecto relevante para una «lógica del conocimiento» radica en determinar, mediante las «contrastaciones subsiguientes» a la presentación conjetural de una hipótesis, «si [ésta] inspiración fue un descubrimiento»39. (Esta concepción de 'descubrimiento' tendría, además, apoyo etimológico: tal como observa Ryle (1949:IX), el verbo 'descubrir' implica existencia; remite —según esta interpretación— al *producto* o resultado de un proceso más que al proceso mismo).

Observemos que Popper no *complementa* el proceso de descubrimiento con el de justificación, sino que lo *identifica*. Por eso puede permitirse autorizar el título *Logic of Discovery* a la versión inglesa de su *Logik der Forschung*, en donde presenta un modelo de lógica de la investigación. El problema aquí es que *su* 'lógica del descubrimiento' o de 'la investigación' adquiere un referente extraño, porque sólo abarca técnicas de testeo *post hoc* y sus correlativas prescripciones lógicas. ('Extraño' porque, después de todo, el término 'descubrir' *también* remite al *proceso* de construir una ley o una teoría hasta el momento desconocida o al de quitar los velos de lo que será descubierto. Más allá de su etimología, ese *es* uno de sus usos cotidianos). Incluso puede ser adecuado precisar que Popper, al limitar su reconstrucción a instancias críticas consecuencia-

---

39. Kordig (1978) acompaña a Popper en esta interpretación.

listas, más que identificar el proceso de descubrimiento con el de justificación lo *reemplaza*, reduciendo de este modo radicalmente el ámbito de la metodología científica40.

Pero, ¿es la instancia de crítica severa (o de testeo exhaustivo) consecuencialista la *única* instancia evaluativa posible? Es cierto que un problema científico no se considera resuelto hasta que la hipótesis que se ofrece como solución no es aceptada (decisión que se adopta en función de los resultados del testeo empírico de la hipótesis). Pero también es cierto que no se hubiera llegado a esta instancia de decisión –es decir, no se hubieran diseñado experimentos ni deducido trabajosamente enunciados testeables– si con anterioridad no se hubiera decidido que se debía trabajar sobre esa hipótesis. Entonces: ¿no hay otra forma de crítica *previa* a la crítica consecuencialista final e *independiente* –o, al menos, *diferenciable*– de ésta?

Para los modelos justificacionistas contemporáneos, el testeo es una condición necesaria pero no suficiente para la aceptación: dado que no puede haber confirmación estricta o corroboración definitiva, sólo por convención se decide cuando se incorpora un producto intelectual al *corpus* científico[41]. (El hecho de que no exista una justificación irrevoca-

---

40. Recordemos que las metodologías mecánicas del siglo XVII *identificaban* –en un sentido no restrictivo– descubrimiento y justificación. Un método infalible de 'ascensión' de datos a hipótesis –según se esperaba permitiría justificar y descubrir *simultáneamente*. (Una metodología mecánica del descubrimiento de esta clase, además, satisfaría los sentidos usuales de 'proceso' y 'producto' de la palabra 'descubrimiento', ya que el proceso de generación llevaría indefectiblemente a la construcción correcta de una estructura teórica (o al hallazgo efectivo de una entidad desconocida). El posterior *dictum* de Vico –«lo verdadero es lo obrado»– ilustra breve y adecuadamente esta concepción dual de descubrimiento).

41. Observemos que la existencia de convencionalidad en la toma de decisión en el contexto de justificación *no afecta a la distinción plausibilidad/ justificación*. La existencia de convencionalidad sólo indica que los procesos de justificación no son algorítmicos, tal como soñaron los filósofos de la CMH. La distinción plausibilidad/ justificación está

ble plantea una complicación ulterior para el modo 'producto' de definir 'descubrimiento' como el que acabo de consignar, porque ¿qué sucede cuando la acumulación de anomalías revela que una ley o una teoría hasta el momento ampliamente reconocida y utilizada debe ser abandonada? ¿Acaso debería reescribirse periódicamente la historia de la ciencia denominando con el término 'descubrimiento' solamente a las teorías vigentes?).

Ahora bien; *si* 'descubrimiento' supone alguna instancia crítica, y *si* en el contexto de justificación la adopción de un descubrimiento como descubrimiento es una decisión consensual (además de provisional), el único impedimento para no convenir en una instancia de juicio *anterior* a la consecuencial es que ésta no pueda ser caracterizada.

Por lo tanto, la tarea que se le presenta a quien quiera definir una metodología de la plausibilidad es la de caracterizarla adecuadamente y, si esto es posible, mostrar que esta caracterización tiene estructura lógica (es decir, que no es una generalización descriptiva dada por alguna disciplina empírica), y que esta estructura no coincide con la de la justificación. Ésta es, precisamente, la tarea intentada por Hanson. En los próximos capítulos mostraré en qué medida éste autor logró cumplir esta tarea, subrayaré varias debilidades de su programa, propondré algunas modificaciones, y mostraré mediante el análisis de ejemplos que el proyecto plausibilista es altamente plausible y necesario.

4. Síntesis y comentarios

El propósito de este capítulo fue el de enmarcar la propuesta abductiva de Hanson y de Peirce, su directo precursor, frente al problema del descubrimiento científico. Con esta finalidad, analicé la estructura de la ab-

---

trazada sobre la distinción entre *clase de evidencia* y *clase de criterios*. Como veremos, esta distinción en ocasiones puede ser de grado, pero es independiente de la existencia de convencionalidad en el proceso de justificación.

ducción –la 'lógica' o 'metodología del descubrimiento' de Hanson y Peirce–, tratando de mostrar que estos autores no se propusieron hacer una defensa del contexto de descubrimiento, a pesar de que, posiblemente, hay tanto (y ¿tanta?) racionalidad en el contexto de descubrimiento como creatividad en el contexto de justificación.

De acuerdo a mi interpretación, Hanson y Peirce se interesaron en un contexto de la investigación científica que queda fuera de los contextos clásicos, el contexto 'de plausibilidad'. En particular, plantearon la problemática de si es posible dar una versión filosófica de las actividades científicas que se desarrollan en ese contexto.

Todo lo que en ciencia natural podemos saber (epistémicamente) acerca de una afirmación teórica tiene que ser obtenido por un proceso de inferencia. Como ya vimos, los inductivistas de la Revolución Científica intentaron garantizar el valor de una afirmación teórica *construyéndola* a partir de la evidencia; es decir, intentaron inferir una conjetura en el contexto de descubrimiento. En contraposición, los HD contemporáneos intentan obtener el valor de una afirmación teórica (ya construida) *confirmándola* contra la evidencia; en otras palabras, intentan inferir una conjetura en el contexto de justificación.

Peirce y Hanson propusieron un esquema inferencial para el contexto de plausibilidad. Este esquema, al igual que el HD, es *de* datos *a* hipótesis. Sin embargo, como ya aclaré repetidamente, el juicio inferencial que posibilita la abducción es metodológicamente previo al HD, y está basado en una clase diferente de evidencia y en criterios evaluativos de diferente clase.

A fin de graficar estas diferencias, volvamos a la distinción de contextos heredados (presentada en la FIG. 4 del capítulo I). Allí, se intentaba reflejar la *doble división* analítica que, de acuerdo a la CMH, rige al proceso de investigación científica. Para esta concepción logicista, existe

(α) una distinción *procedimental* de la actividad científica entre procesos de *descubrimiento* y procesos de *justificación*; y

(β) una distinción *disciplinar* entre un nivel de análisis *descriptivo* y un nivel de análisis *normativo*.

De acuerdo a la concepción Peirce-Hanson de la abducción, esta división debe ser revisada. No en la distinción 'vertical' (β), ya que ambos autores defienden una concepción normativa de la metodología científica, sino en la distinción 'horizontal' (α), la que divide a la actividad científica en actividades de descubrimiento y actividades de justificación. Si la abducción puede pasar a formar parte de la metodología de la investigación, un esquema revisado debería contemplar esta nueva distinción:

(α_1) una distinción procedimental de la actividad científica entre procesos de *descubrimiento* y procesos de *plausibilidad*; y

(α_2) una distinción procedimental entre procesos de *plausibilidad* y procesos de *justificación*.

Esta nueva distinción está basada, tal como hemos visto, en la *clase de evidencia* que cada esquema inferencial considera (la *'vieja'* y la *'nueva'* evidencia), y la *clase de criterios* que cada esquema inferencial incorpora para su evaluación (criterios no-empíricos *abductivos* y criterios empíricos *consecuencialistas*).

Descubrimiento – α_1 – Plausibilidad – α_2 – Justificación

	(Dn) Análisis normativo de las actividades de descubrimiento	**(Pn)** *Análisis normativo de las actividades de plausibilidad* **Lógica de la plausibilidad**	**(Jn)** *Análisis normativo de las actividades de justificación* **Lógica de la justificación**
Nivel normativo (filosófico)			
Nivel descriptivo (empírico)	**(Dd)**	**(Pd)**	**(Jd)**
	Situación problemática Actividades de descubrimiento	**Hipótesis propuesta** Actividades de plausibilidad e_1	**Hipótesis justificada** Actividades de justificación $e_1 + e_2 \ldots$

Actividad científica

β

FIG. 4: Revisión Peirce-Hanson del esquema heredado

Observemos que si una metodología de la plausibilidad fuera viable, la metodología de la investigación podría ganar mucho, ya que adquiriría categorías conceptuales que posibilitarían una reconstrucción racional de la actividad científica *más amplia* que la dada por las diferentes metodologías consecuencialistas. Una reconstrucción de las instancias de evaluación preliminar podría, por ejemplo, dar *sentido filosófico* a las interpretaciones *naive* existentes de las decisiones *tentativas* de los científicos. Si una reconstrucción meramente 'histórica' de los tanteos preliminares de Kepler para dar con la forma exacta de la órbita de Marte, o una reconstrucción simplemente 'psicológica' de la ponderación de Adams o de Leverrier de la hipótesis del planeta oculto responsable de las perturbaciones de Urano, o una reconstrucción solamente 'sociológica' de las 'negociaciones' cognitivas de Watson para adoptar conjuntamente con sus colegas la hipótesis de la estructura helicoidal del ADN *coinciden* con sendas reconstrucciones abductivas que incorporen criterios plausibilistas como los aquí presentados, *podríamos tener explicaciones filosóficas de estos ejemplos mejores y más abarcativas que las que han ofrecido las metodologías rivales heredadas.*

Tal como señalé, el único impedimento para proponer una metodología de la plausibilidad radicaría en que ésta no pueda ser apropiadamente caracterizada. En los próximos capítulos me ocuparé en detalle de este problema, analizando y ejemplificando adecuadamente la estructura de la metodología de la plausibilidad de Hanson.

La abducción y el problema de la justificación

1. Introducción

En el capítulo anterior me centré en mostrar que para Peirce la abducción es un esquema inferencial evaluativo, no un esquema que permite generar hipótesis en el contexto de descubrimiento (punto 2). Igualmente, mostré que para Hanson también lo es, y que a pesar de que este autor en repetidas ocasiones empleó la expresión 'lógica del descubrimiento', él en realidad estaba caracterizando una metodología de la plausibilidad, una metodología evaluativa pre-testeo (punto 3). En particular, sobre la base de la distinción entre clases de evidencia y clases de criterios, intenté defender que, para estos autores, la abducción funciona en un contexto científico específico, el contexto de plausibilidad.

Dejando ya de lado la distinción descubrimiento/ plausibilidad, pasaré ahora a ocuparme de la distinción *plausibilidad/ justificación*, distinción tanto o más problemática que la anterior, ya que cuestiona a muchas concepciones epistemológicas fuertemente arraigadas.

Las críticas habituales a la abducción desde la perspectiva de la justificación, se centran en el argumento de que los criterios no-empíricos que la componen no pueden ser distinguidos con claridad de los criterios que se utilizan para justificar hipótesis, y que la evidencia que plantea un problema científico no puede tener valor epistémico sino sólo valor heurístico. Los autores de los que nos venimos ocupando no nos pueden ser de mucha ayuda ante esta clase de críticas. Peirce no se ocupó de este tema, ya que supuestamente entendió que su distinción entre abducción e inducción consecuencialista era lo suficientemente marcada como para ser cuestionada; Hanson, por su parte, tampoco se dedicó sistemáticamente a esta cuestión, salvo las pocas observaciones que citaré en este capítulo. Por lo tanto, mi estrategia será la de distinguir las críticas en función de los argumentos que estas utilizan, y tratar de mostrar sus debilidades.

Brevemente, intentaré defender que aunque la distinción entre el contexto de plausibilidad y el contexto de justificación es difícil de ser trazada, la distinción es posible y es filosóficamente útil. También, que el valor que los criterios no-(directamente)-empíricos permiten transferir de la experiencia es un valor epistémico, y que la 'vieja evidencia' no tiene solamente valor heurístico. En síntesis, trataré de mostrar que los criterios no-empíricos y la evidencia problemática conforman una *base de inferencia* en el contexto de plausibilidad, del mismo modo que el testeo consecuencialista de nueva evidencia conforma una base de inferencia en el contexto de justificación. Observemos que si no hubiera inferencias en un estadio previo al de justificación, la empresa científica debería suspender toda clase de acción y decisión –en tanto actos y juicios *racionales*– hasta que nueva evidencia surgiera milagrosamente en el proceso de testeo. El contexto de plausibilidad es un contexto epistémicamente más débil que el de justificación, pero también *es* un contexto epistémico.

2. ¿Son las razones de plausibilidad diferentes de las razones de justificación?

Las principales críticas a la que ha sido sometida la abducción (por supuesto, entre aquellos que (correctamente) asumen que se trata de un esquema inferencial evaluativo) se centra en indicar que *es parte del proceso (normativo) de justificación*.

El núcleo de las críticas es básicamente el mismo: *los criterios de plausibilidad cumplen un rol en la justificación*. No obstante esto, en las diversas críticas pueden distinguirse al menos tres estrategias argumentativas: mostrar que esos criterios, *por sí mismos*, también justifican hipótesis (2.1); mostrar que la evidencia sobre la que se basa el juicio de plausibilidad no tiene valor epistémico —o, en otras palabras, que sólo la evidencia futura lo tiene (2.2), y mostrar que los criterios no-empíricos, en conjunción con criterios empíricos, *son parte integral de un esquema justificacionista* (2.3).

Analizaré cada una de estas objeciones de modo independiente.

2.1. *Los criterios no-empíricos abductivos justifican hipótesis*

Ante propuestas como la de Peirce y Hanson de una metodología de la plausibilidad autónoma, autores como Achinstein (1971:VI), Kordig (1978), Lamb y Easton (1984), Lugg (1985) y McKinney (1995) objetan que las razones de plausibilidad *también* son razones de justificación. McKinney (p. 458), por ejemplo, indica que «la transición [entre plausibilidad y justificación] en el mejor de los casos es ambigua, y en el peor inexistente». Según Achinstein (p. 138), «Hanson supone que razones 'explicativas', inductivas débiles y analógicas pueden ser razones para sugerir H en primer lugar pero no para aceptar H, lo cual es falso». De acuerdo a Kordig (p. 116), «no existe una diferencia *fundamental* entre razones para la plausibilidad y razones para la aceptabilidad. La diferencia es sólo de grado».

Quizá un buen ejemplo para analizar esta clase de críticas sea el de la hipótesis sobre la trayectoria de Marte. Kepler, tal como sabemos, para explicar las anomalías observadas en la órbita de ese planeta, propuso que la misma era elíptica (volveré sobre este ejemplo, uno de los preferido de Peirce y de Hanson, en el próximo capítulo). De acuerdo a Peirce y Hanson, ésta es una *abducción típica*, ya que esta hipótesis es plausible porque explica o acomoda los datos problemáticos.

Este ejemplo, sin embargo, ha sido objetado por varios críticos que afirman que allí las razones de plausibilidad y de justificación se confunden. Lugg (1985:218*n*), por ejemplo, indica precisamente que «en el caso de Kepler ...[plausibilidad] y justificación *coinciden*» (el subrayado es mío).

En primer lugar, se podría decir que los registros históricos no acompañan a Lugg: la hipótesis en cuestión debió esperar que se cumpla el proceso justificatorio estándar –extracción deductiva de predicciones, y testeo inductivo de las mismas– para ser lentamente aceptada por la comunidad científica de la época. Pero el fundamento de la crítica de Lugg merece ser considerado: las razones de plausibilidad de Kepler no fueron muy diferentes de las razones a partir de las cuales se aceptó su hipótesis sobre la forma de la órbita de Marte. En este ejemplo, como podemos observar, existe una *continuidad* muy marcada entre la evaluación de plausibilidad y la evaluación de justificación, ya que la evidencia disponible antes de comenzar el testeo consecuencialista es de la *misma* clase que la 'nueva' evidencia que se verifica en el proceso de testeo. Es decir: en este caso las predicciones sólo *extendieron* la evidencia disponible, pero no produjeron evidencia *realmente* nueva, o, mejor, nueva evidencia *significativa*. Es por eso que muchos autores subrayan a los fines de la justificación la necesidad de calificar la evidencia. Carnap, por ejemplo, menciona a criterios como los de «extensión», «variedad» y «precisión» del «material confirmativo observacional» (cfr., p.ej., [1950]:&46-7; cfr., también, Hempel [1966]:IV). Bajo la concepción de inferencia (*de* datos *a* hipótesis) expuesta hasta el momento, podría parecer algo curioso el hecho de que Hanson se haya ocupado tanto de este ejemplo, el cual es de una clase débil para defender su argumentación. (Este rasgo llamativo encontrará su explicación en el próximo capítulo, cuando introduzca el criterio de 'grado de generalidad' de la hipótesis a ser evaluada).

En relación a esta clase de objeciones es importante precisar que Peirce y Hanson no niegan que, *algunas veces*, razones de plausibilidad y razones de justificación *son idénticas*. Peirce, por ejemplo, indica que una hipótesis «*altamente*» plausible «justificaría seriamente nuestra inclinación a creer en ella» (8.223). Hanson, por su parte, incluso menciona casos en los cuales razones de plausibilidad y razones de de justificación coinciden. Que todos los *A* observados son *B* –dice, p.ej., respecto de la inducción enumerativa– puede ser una buena razón para proponer *y* aceptar que todos los *A* son *B* (cfr. 1958b:1073 y 1961:21).

A mi entender, la intención de estos autores es la de señalar que *no siempre* se da esta coincidencia entre plausibilidad y justificación. De hecho, *en la mayoría* de los casos históricos la necesidad del testeo consecuencialista ha sido la regla más que la excepción. Semmelweis necesitó someter a prueba a su hipótesis sobre la causa de la fiebre post-parto. Leverrier necesitó que su hipótesis del planeta oculto sea probada. Torricelli necesitó probar su hipótesis sobre la presión atmosférica; de hecho, Pascal y Périer testearon a la misma en diferentes condiciones. Hanson comenta:

> «Estudiar solamente la verificación de las hipótesis deja una parte vital de la historia científica sin ser narrada: aquella que señala las razones que tuvieron [los científicos] para sugerir sus hipótesis inicialmente» (1958b:1083).

Este comentario, por supuesto, no intenta señalar que el problema del justificacionismo extremo es un problema historiográfico. Después de todo, el relato histórico podría ir en una nota a pie de página. Ese comentario, más bien, subraya la pobreza filosófica de esa clase de enfoques, ya que deja de lado las razones que existieron *antes* de la verificación, razones que conforman legítimamente la historia *interna* de un relato filosófico.

En síntesis: Hanson no niega –tal como entienden sus críticos– que criterios como los de analogía, inducción débil o autoridad puedan dar buenas razones para proponer *y* para justificar hipótesis; sólo afirma que, en muchos casos, estos criterios pueden dar razones de plausibilidad pero no ser suficientes como razones de justificación (cfr. 1958b). Es por esto que subraya que las razones de plausibilidad y de justificación pueden «diferir en clase» (cfr. 1961:21; también, 1958b:1073). Cuando Leverrier envió al astrónomo Galle los datos sobre Neptuno predichos por su hipótesis, lo hizo porque confiaba en ella, y esta confianza no podía provenir del testeo, el cual todavía no había comenzado, sino de criterios de plausibilidad. A mi entender, este es el punto central de la propuesta abductiva como una metodología *diferente* de la metodología de la justificación.

El hecho de que el esquema abductivo no puede ser propuesto para dar cuenta de *todos* los ejemplos de hipótesis científicas, no tiene por qué minimizar el valor de la propuesta. El propósito de la metodología abductiva no es, ni puede ser, el de dar un modelo *universal* de reconstrucción. Ninguna metodología logra esto (aunque algunas lo pretenden). Su propósito es el de dar un instrumental analítico para ayudar a comprender la dinámica de la ciencia, pero, como cualquier instrumento, sólo puede ser adecuado para determinadas circunstancias. (Posiblemente, la filosofía de la ciencia nos deba una taxonomía de hipótesis, así como nos debe una taxonomía de problemas científicos. Hanson, en su (1967a) intentó dar una 'taxonomía del descubrimiento'; el carácter provisional de la misma, y las dificultades que encuentra para articularla, revelan la medida en que esta clase de taxonomía es dependiente de las taxonomías nombradas).

Pasemos a analizar ahora otra clase de críticas, la que cuestiona el valor de la 'vieja' evidencia, la evidencia utilizada para construir la hipótesis, la evidencia no conocida al momento de proponerse la hipótesis.

2.2. La evidencia sobre la que se basa el juicio de plausibilidad no tiene valor epistémico

La segunda de las críticas al contexto de plausibilidad ataca a la capacidad de la evidencia problemática para servir como *base de inferencia*. A fin de plantear con claridad cuál es el problema que nos ocupa, voy a hacer una breve introducción histórica al tema de las *clases* de evidencia y su rol en la aceptación de hipótesis.

En la Edad Media se valoraba la capacidad de una hipótesis de 'salvar los fenómenos'; es decir, se valoraba su capacidad de 'acomodar' experiencia *conocida*. Sin embargo, ya a comienzos del siglo XVII Clavius defendía que la teoría ptolemaica era verdadera porque, al utilizarla, «no sólo se salvan las apariencias ya conocidas sino que además *se predicen fenómenos futuros*» (citado en Blake [1960]:34; el subrayado es mío). Es decir, Clavius infería a la teoría geocéntrica sobre la base de su éxito explicativo *y* de su éxito predictivo; o, en nuestros términos, sobre la base de su capacidad de acomodar *y* de predecir exitosamente a los datos.

Descartes hace afirmaciones similares a las de Clavius, también a partir de la distinción entre clases de evidencia y, consecuentemente, de la distinción entre los requisitos de acomodación y de predicción/ éxito empírico (cfr. II.2.2). Para él, sabemos que nuestras hipótesis son correctas

«cuando vemos que con ellas no solamente podemos explicar los efectos que ya conocíamos, *sino también otros fenómenos de los que no teníamos conocimiento*» ([1644]:255; las itálicas me pertenecen).

En esta misma línea interpretativa, son importantes las observaciones de William Whewell:

«Las hipótesis que *aceptamos* deben explicar los fenómenos que hemos observado. ...Pero una hipótesis debe hacer *más* que esto: debe *predecir* fenómenos que *no* han sido observados... Que haga esto con certeza y corrección, es un modo para *verificar* la hipótesis como útil y correcta» ([1840/7], II.62; el subrayado es mío).

Como podemos ver, estos argumentos trazan una distinción entre la capacidad de una hipótesis de acomodar *fenómenos conocidos* (¿en el contexto de plausibilidad?) y la capacidad de predecir *fenómenos nuevos*, pero utiliza a *ambas* clases de fenómenos para inferir hipótesis en el contexto de justificación. Paso ahora a presentar otro modo de concebir la relación entre hipótesis y evidencia que es sensible a la distinción temporal entre clases de evidencia.

En *Conjectures and Refutations*, Popper da algunos «requisitos para el desarrollo del conocimiento» (cfr. [1962/5]:269-88). Me interesa destacar su *requisito de testabilidad independiente*, que no es otro que nuestro requisito de predicción. Dice Popper:

> «La nueva teoría, además de explicar los *explicanda* que debe explicar, debe tener también *nuevas* consecuencias testeables (preferiblemente de un *nuevo* tipo); debe conducir a la predicción de fenómenos hasta ahora no observados. ...Este requisito me parece indispensable porque sin él nuestra nueva teoría sería *ad hoc*; pues siempre es posible elaborar una teoría que se adapte a cualquier conjunto dado de *explicanda*» (*op. cit.*:280)[42].

Es importante señalar que para Popper el requisito de testabilidad independiente debe ir acompañado con el *requisito de éxito empírico*: la hipótesis debe salir con éxito de un testeo severo:

> «Sólo es posible determinar si la nueva teoría se cumple o no *testeándola empíricamente*» (*ibid.*; el subrayado es mío).

O:

> «*Las nuevas predicciones... deben ser corroboradas* con razonable frecuencia por los datos experimentales para que continúe el progreso científico» (*op. cit.*:282; el subrayado es mío).

---

42. Popper ([1962/5]:250-89), equívocamente, dice que la valoración de las predicciones es una idea tardía; «quizá mencionada por primer vez por algunos pragmatistas». Como podemos ver, esta idea ya estaba por lo menos en el siglo XVII.

La diferencia de esta posición con la mencionada antes, como podemos ver, radica en que minimiza el valor de la vieja evidencia desplazando el peso justificatorio a la nueva evidencia.

Varios autores popperianos y lakatosianos llevan aún más lejos esta línea argumentativa, subrayando *exclusivamente* el valor de la nueva evidencia. Para Worrall (1978), por ejemplo, los hechos utilizados en la construcción de una hipótesis *no tienen valor evidencial*. Para Musgrave (1989), el único rol de la vieja evidencia empleada en el contexto de descubrimiento es el de *informar* al contexto de justificación qué hechos no son nuevos. (Para estos autores, un hecho es 'nuevo' para una hipótesis si éste *no fue usado* en la construcción de la misma). De este modo, trazan una distinción entre los contextos de descubrimiento y de justificación en función del peso evidencial de los fenómenos nuevos, subrayando el rol epistémico del contexto de justificación y eliminando el contexto de plausibilidad.

En síntesis: los autores nombrados en último lugar –Popper, Worrall, Musgrave–, afirman que al evaluar el apoyo evidencial de una hipótesis debemos prestar atención *principalmente* al éxito o fracaso de sus predicciones o, incluso, *exclusivamente* al éxito o fracaso de sus predicciones, ya que la fuerza epistémica de la evidencia previa es poca o inexistente. Por su parte, los autores mencionados en primer lugar –Clavius, Descartes, Whewell–, no niegan valor al poder de acomodación de una hipótesis, pero entienden que al evaluar el apoyo evidencial de la misma debemos prestar atención a su 'éxito empírico', a su poder de predicción. Gardner (1982:1) resume esta predilección de los filósofos de la ciencia por los nuevos datos diciendo que

«En filosofía de la ciencia existe una larguísima tradición –por no decir consenso– de acuerdo a la cual una pieza de evidencia observacional provee más apoyo a una teoría dada si ésta es 'nueva'. Aproximadamente, la idea es que, *ceteris paribus, la verificación de una predicción apoya a una teoría más que la explicación de algo ya conoci-*

do, o de algo para lo cual la teoría fue diseñada» (el subrayado es mío).

Yo concuerdo con esta síntesis; la historia de la ciencia ofrece importante apoyo a esta concepción de la dinámica científica: *la justificación requiere de nueva evidencia, de evidencia predicha más que de evidencia explicada o acomodada.*

¿Pero qué sucede en las situaciones en que para ponderar las hipótesis *sólo* tenemos la 'vieja evidencia'; es decir, la evidencia que plantea el problema? ¿Las hipótesis serían meramente *ad hoc,* como dice Popper, y no deberíamos tenerlas en cuenta? ¿Deberíamos suspender nuestros juicios epistémicos y detener la actividad racional hasta que aparezca nueva evidencia?

Para responder a estas preguntas debemos comenzar desde un dato fáctico: en la mayoría de los casos científicos *se da esa situación.* Al menos al comienzo de la investigación científica, sólo tenemos hipótesis que acomodan la evidencia existente. O porque la naturaleza no ofrece resultados contrastadores (la teoría de Einstein, por ejemplo, tuvo que esperar varios años un eclipse que confirmara que «la naturaleza se comporta tal como [su] hipótesis predecía»). O porque el experimento crucial es muy costoso (la construcción del acelerador de partículas, por ejemplo, requirió de muchos años de búsqueda de financiación y mucho tiempo de construcción). O, simplemente, porque la tarea de extraer predicciones adecuadas de una teoría no es un trabajo automático.

La confirmación de nuevos datos, efectivamente, conforma una base firme para la inferencia, pero este hecho *no tiene por qué excluir que los datos problemáticos sean base de algún tipo más débil de inferencia;* específicamente, de inferencia abductiva. La prueba de que los científicos *infieren* a partir de datos problemáticos es, sencillamente, el hecho de que hay ciencia. Una dimensión *pragmática* avala a los juicios de plausibilidad: si toda idea explicativa existente fuera sometida al lento y costoso proceso de extraer predicciones y luego testearlas, no podría haber habido progreso, o el ritmo del progreso hubiese sido mucho menor, ya que se hubieran requerido tantas instancias de justificación como hipótesis sean posibles de imaginar.

La 'vieja evidencia', por lo tanto, ha de tener valor epistémico además de valor heurístico. El carácter *ad hoc* de las hipótesis no tiene por qué tener una connotación negativa. De hecho, la función de los criterios no-empíricos es la de seleccionar las hipótesis *legítimamente ad hoc*; es decir, de separar las hipótesis *plausibles* de las hipótesis triviales.

2.3. *Los criterios no-empíricos se integran a los criterios empíricos para justificar hipótesis*

Otra objeción a la propuesta de Hanson de que los criterios no-empíricos pueden conformar una metodología de la plausibilidad autónoma consiste en afirmar que estos criterios son una parte *integral* de procesos globales de justificación. Esta objeción proviene de quienes defienden un esquema inferencial denominado 'inferencia a la mejor explicación', esquema que fue propuesto como alternativa a las metodologías de la justificación clásicas (falsacionismo, confirmacionismo, etcétera). Considerando que éste es un esquema muy importante en la metodología de la ciencia contemporánea, y que suele ser confundido con la abducción, a fin de contrastarlo con esa metodología de la plausibilidad lo desarrollaré con cierto detalle.

A partir de la década del '60 del siglo XX, varios autores –entre los que se destaca Gilbert Harman– atacaron a la metodología HD defendiendo que los procesos de justificación de hipótesis responden a una forma inferencial que denominaron 'inferencia a la mejor explicación' ('*IME*')43. Según estos autores, la toma de decisión científica no puede

---

43. Aunque la frase 'inferencia a la mejor explicación' es relativamente nueva la idea es bastante antigua, y puede ser encontrada en las obras de autores tan diversos como

ser reducida a la prescripción normativa de la deducción y el experimento, ya que la adecuación empírica no es el *único* determinante de elección. De este modo, la aceptación de hipótesis debe ser decidida en base a un patrón explicativo que integre a la confirmación empírica con criterios no-empíricos. (Otro motivo por el cual sus defensores consideran que este esquema inferencial refleja mejor la práctica científica alude al hecho de que la IME –a diferencia de la metodología HD– contempla la existencia de hipótesis rivales).

Como podemos apreciar, la noción de explicación de la IME es *más amplia* que la noción sintáctica de las metodologías HD. En las metodologías HD 'explicación' es un término técnico directamente ligado al de *implicación* lógica. (El complemento 'metodológico' de los criterios no-empíricos al que en ocasiones recurren autores HD para decidir la elección de hipótesis no altera la naturaleza de esta relación). El eje diferenciador de la propuesta IME se centra en que para la aceptación de una hipótesis no es suficiente con que ésta simplemente implique las observaciones (viejas o nuevas). Su concepto de explicación, por lo tanto, más que de la complementación requiere de la *integración* de los criterios 'lógicos' empíricos con los criterios metodológicos no-empíricos –los que de este modo pasan a ser parte *esencial* e *integral* de la metodología de la ciencia44.

Descartes, Leibniz o Whewell. Para una presentación de estos precedentes históricos, ver Buchdahl (1970); para un análisis del pensamiento de Descartes sobre este tema, ver Chibeni (1993).

44. Así, para la IME el significado de 'explicación' es más cercano al de 'comprensión' o 'inteligibilidad'. No existe, sin embargo, una definición unívoca ni precisa del concepto de explicación en la metodología de IME, por lo que no es extraño que existan diferentes propuestas de este esquema inferencial. Algunas de ellas enfatizan que el poder explicativo está dado, fundamentalmente, por criterios como la *coherencia* (Harman, Lycan, Thagard) o la *unificación* (Kitcher). Otros, que reside en su *poder causal* (Salmon, Lipton). Para los propósitos de mí análisis, no es necesario presentar de modo pormenorizado las diferencias existentes entre estas propuestas. Para una

Esquemáticamente, la IME respondería a la siguiente forma inferencial, en la que actúan criterios de evaluación no-empíricos *y* empíricos:

Inferencia a la mejor explicación:

–Evidencia dada por los (viejos y nuevos) datos

–Conocimiento básico

–Hipótesis rivales H_1, H_2, H_3, ..., H_n existentes

–(Del conjunto de hipótesis rivales capaces de explicar la evidencia disponible (H_1, H_2, ..., H_n), H_1 es la mejor explicación potencial de la misma)

–(Tenemos buenas razones para) *aceptar* H_1

Ya estamos en condiciones de distinguir con claridad a la abducción de la IME. Tal como vimos, la analogía, la simplicidad, la autoridad, la elegancia estética y demás criterios no-empíricos funcionan en la abducción como *razones de plausibilidad*. En la IME, en cambio, estos mismos criterios se integran a criterios empíricos tales como la confirmación inductiva o el éxito empírico para dar *razones de justificación* de hipótesis explicativas.

Aquí, evidentemente, hay en juego distintas nociones de explicación y distintas exigencias para esas nociones. Whewell –tal como mencioné en (II.1)– sintetiza estas posiciones al afirmar que una teoría adquiere alguna *plausibilidad* «por su completa explicación de lo que pretende explicar», pero que sólo está adecuadamente *justificada* «por su explicación

---

discusión de la IME y sus relaciones con la explicación como *coherencia* y la explicación como *causación*, ver, p.ej., Day y Kincaid (1994).

de lo que *no* pretendía explicar» ([1857], II:370). En otras palabras, indica la presencia de *otro* estadio evaluativo además del de justificación, previo a éste, fundado en criterios no consecuencialistas, y basado en la evidencia problemática.

Podríamos decir entonces que la IME incluye a la evaluación preliminar otorgada por la abducción en un proceso evaluativo global. Esto es correcto, ya que, como vimos, las razones de plausibilidad no se abandonan en la instancia de justificación. Hanson mismo consigna este carácter dual de los criterios no-empíricos:

> «Razones analógicas y razones basadas sobre simetrías –dice, p.ej., (1961a:27)– *continúan* siendo razones para *H* incluso después de que *H* ha sido (inductivamente) establecida. Son razones *tanto* para proponer que *H* será de una cierta clase *como* para aceptar *H*».

Afirmar esto no supone, por supuesto, que cuando estos criterios son utilizados como criterios de justificación puedan, *por sí solos*, dar razones para aceptar una hipótesis (cfr. 1960). Ahora bien: lo importante para nuestros fines es subrayar que el hecho de que los criterios no-empíricos puedan ser incorporados a un esquema de justificación *no implica que estos criterios no puedan cumplir un rol evaluativo previo a su integración con los criterios empíricos*, independiente del testeo consecuencialista, ya que bajo determinadas condiciones pueden determinar la *plausibilidad* de la estructura cognitiva que ponderan.

Una aclaración: generalmente, argumentaciones sobre la IME son introducidas en los debates sobre el realismo científico. Y, generalmente, en sus presentaciones históricas de este modo inferencial autores realistas tanto como instrumentalistas remiten a la obra de Peirce considerando a la abducción de este autor como una 'versión previa' o como 'una misma inferencia con otro nombre' de la variante de IME que ellos proponen o exponen[45]. Sin embargo, de acuerdo a mi interpretación, la 'IME' y la 'abducción' presentan, además del nombre, *una diferencia fundamental*. Aunque en ambos casos el esquema inferencial es el mismo, la IME *incluye* como criterio central de explicación el apoyo inductivo (o los experimentos falsadores). La abducción, en cambio, *excluye* el criterio de éxito empírico de su estructura inferencial.

Como una observación histórica, puedo consignar que a pesar de las importantes connotaciones metodológicas de la distinción 'abducción/ IME', en la literatura sobre el tema a la que he tenido acceso existen muy pocos intentos de análisis comparativo. Como antecedentes claros quizá pueda mencionar a Achinstein y a Niiniluoto. Achinstein, en su (1971:120) hace un breve comentario respecto a que mientras Peirce y Hanson «parecen» estar interesados en la *plausibilidad* de las hipótesis, Harman sólo se ocupa de su «*alta probabilidad*». Niiniluoto (1999), por su parte, caracteriza a la abducción y a la IME respectivamente como una forma débil y una forma fuerte del mismo esquema inferencial. A pesar de esta observaciones, los autores mencionados no hicieron un desarrollo ulterior de esta distinción.

Una última aclaración: he intentado hacer una presentación *metodológica* de la IME, enfatizando que su función *básica* es la de proporcionar razones para *aceptar* una hipótesis. Pero inferir supone llegar a *creer* en lo inferido; tiene, necesariamente, una dimensión epistémica. Entonces, ¿qué creemos cuando aceptamos una hipótesis?

---

45. Cfr., por ejemplo, Harman (1968), Hacking (1983:III), Sober ([1988]:50) y Chibeni (1996:45-6). En esta línea interpretativa, Smokler (1968), por ejemplo, entiende a la abducción como una «concepción de *confirmación*» alternativa a la inducción enumerativa (la itálica me pertenece).

Para los realistas, aceptar una hipótesis implica creer que ella es «*verdadera*», que tiene «*algo de verdad*», o que es «*aproximadamente verdadera*»[46]. (La cláusula 'o aproximadamente verdadera' es importante porque así se contempla explícitamente que las teorías aceptadas pueden llegar a ser 'convergentemente' reemplazadas por teorías cada vez mejores). Si las hipótesis permiten predicciones correctas, argumentan, es porque la naturaleza es tal como ellas la describen. Para los anti-realistas, en cambio, aceptar una hipótesis sólo implica creer que ella es *empíricamente adecuada*, que 'salva los fenómenos', que permite realizar predicciones exitosas (cfr., por ejemplo, van Fraassen [1980]:28).

Centremos el debate: la importancia de la IME en la toma de decisión científica no está en cuestión. Incluso críticos como van Fraassen, quien rechaza a la IME como criterio de verdad, la admite como criterio de elección –que le permite seleccionar hipótesis en tanto empíricamente adecuadas (cfr., por ejemplo, [1980]:95-6). Los problemas surgen cuando la IME es utilizada como un argumento ontológico, cuando con ella se afirma la verdad de una hipótesis y/o la existencia de las entidades inobservables que ésta postula. Porque –para poner las objeciones en términos de sus críticos: ¿cuál es la conexión entre la explicación y la verdad? (cfr. p.ej. van Fraassen [1980]:117); o: ¿por qué adicionarle a una hipótesis aceptada una metafísica de entidades «redundantes» si, después de todo, los criterios de la IME dan razones para preferir hipótesis *independientemente* de cuestiones de existencia o de verdad? (cfr., p.ej., van Fraassen 1985:285-6).

---

46. Cfr., respectivamente, Harman (1965), Popper ([1972]) y Smart (1989). Para muchos realistas, cualquiera de estas clases de creencia también supone creer en la *existencia* de las entidades teóricas que la hipótesis postula. Para un ejemplo de este segundo paso realista, cfr. Sellars (1962:97): «tener buenas razones para sostener una teoría es *ipso facto* tener buenas razones para sostener que las entidades postuladas por la teoría existen».

Las relaciones entre metodología y ontología –o entre racionalidad y realidad– son, por supuesto, más complejas que las que presento aquí. Es difícil hablar de reglas de inferencia sin suponer, al menos intuitivamente, que aquello que consideramos justificado aceptar no tenga algún vínculo con la verdad. Muchos realistas creen que la racionalidad descansa precisamente en este vínculo (cfr., p.ej., Putnam 1975); que, por ejemplo, aceptar una teoría implica aceptarla como verdadera (cfr., por ejemplo, Melchert 1985). Los anti-realistas, por el contrario, creen que este vínculo no existe, o que es parcial (cfr. por ejemplo, van Fraassen [1980]), o que es posible ignorarlo (cfr. p.ej., Fumerton 1980). De todas formas, creo posible enfatizar que el carácter provisorio de la adopción de una hipótesis particular que provee la abducción, elude esta clase de problemas ontológicos –o, al menos, que no los aumenta. En la instancia metodológica de aceptación o justificación, si somos realistas diremos que los criterios predictivos *y* los criterios no-empíricos (aquí *epistémicos*) hacen a la que consideramos una explicación adecuada (aproximadamente) *verdadera*. Si somos anti-realistas, diremos que los criterios predictivos *y* los criterios no-empíricos (aquí *pragmáticos*) hacen a la que consideramos una explicación adecuada verdadera *sólo respecto a lo que puede ser directamente observado*. En la instancia de plausibilidad, en cambio, no necesitaríamos comprometernos necesariamente con una afirmación ontológica, ya que el carácter provisorio de la adopción de la hipótesis en esta instancia metodológica no es incompatible con una ulterior aceptación realista o anti-realista.

3. Síntesis y comentarios

En este capítulo he intentado defender, a partir del análisis de tres clases de argumentos, que los criterios no-empíricos y la vieja evidencia tienen un rol epistémico en la dinámica científica, que permiten realizar juicios evaluativos. En otras palabras: que así como se entiende que el proceso de testeo de nueva inferencia puede avalar un juicio evaluativo, el proceso abductivo a partir de la evidencia acomodada también permite avalar juicios evaluativos. Podríamos utilizar la siguiente figura: un riguroso proceso de testeo empírico permite 'descubrir' (tener información de algo que no sabíamos) que una hipótesis dada está justificada. Análogamente, un proceso abductivo permite 'descubrir' que una hipótesis dada es plausible. Y 'descubrir' que una hipótesis es plausible *puede no ser lo mismo* que descubrir que esta misma hipótesis está justificada. El contexto de plausibilidad es, innegablemente, un contexto más débil que el de justificación, pero *es*, también innegablemente, un contexto epistémico.

El contexto de justificación *no* agota la racionalidad científica. Tal como señala Larry Laudan (1977:III) al respecto, existen dos suposiciones de la epistemología tradicional que pueden ser duramente cuestionadas: que existe solamente *un* contexto cognitivo en el cuál las hipótesis pueden ser evaluadas, y que este contexto tiene que ver con la determinación de los *fundamentos empíricos* de las hipótesis. Estas suposiciones, en su opinión, deben ser abandonadas: la primera porque es falsa; la segunda porque es demasiado limitada.

Al compartir y defender esta clase de afirmaciones, soy completamente consciente de que no es sencillo demarcar *filosóficamente* a los contextos de plausibilidad y de justificación (la demarcación empírica sí es muy sencilla, y toda reconstrucción historiográfica sensible a su existencia puede trazarla de inmediato). Al respecto, creo que este comentario de Schlesinger tiene validez y obliga a la cautela:

> «Por el momento, *no existe acuerdo* respecto de los efectos de la acomodación de datos existentes por un lado, y de la predicción de nuevos resultados por el otro, sobre la credibilidad de una hipótesis dada» (1987:33; el subrayado es mío).

Admito que ese desacuerdo existente es una muestra de que la distinción no puede ser establecida con facilidad. Pero concedamos que también es una muestra de que el contexto de justificación no es un contexto claramente definido o lógicamente autoprotegido.

Yo creo que la distinción entre clase de evidencia y clase de criterios es base de inferencia para ambos contextos. Pero también creo que aunque es instrumentalmente útil, es filosóficamente imprecisa. De hecho, como una hipótesis se va construyendo, conformando, y adquiriendo precisión en un juego de articulación con nueva experiencia, la imprecisión entre categorías tales como 'abducción' e 'inferencia a la mejor explicación' en ocasiones es inevitable (lo que no implica, insisto, que no sea de utilidad, tal como veremos en uno de los ejemplos del capítulo V). Pero en este *continuum* de articulación teórica hay un punto extremo en el que es factible encontrar un juicio abductivo 'puro': el que supone la primera evaluación de la hipótesis a partir de los fenómenos problemáticos.

De acuerdo a mi interpretación, Hanson, en sus últimos artículos, señala el camino para resolver el problema de la imprecisión del que me he ocupado en este capítulo. Allí intenta argumentar que el esquema inferencial *de* datos *a* hipótesis funciona *también* para evaluar hipótesis *de un mayor nivel de generalidad*; de hipótesis *de trabajo*, de ideas *seminales*. O, para decirlo usando un concepto del propio Hanson, que la 'retroducción', a diferencia de la abducción, permite evaluar '*clases* de hipótesis', 'hipótesis *generales*' (como opuestas a 'hipótesis *particulares*'); es decir, hipótesis en *estadios primitivos* de su desarrollo.

De este modo, podremos decir que es posible distinguir a los contextos de plausibilidad y de justificación a partir de tres elementos: la clase de evidencia que cada uno de ellos considera, la clase de criterios que cada uno de ellos incorpora, y el *grado de generalidad* de las hipótesis que cada uno de ellos evalúa. Aunque Hanson, bajo el concepto de 'retroducción' adoptó implícitamente esta distinción 'tripartita', yo, además de exponer las características de la misma, intentaré preservar el concepto de 'abducción' a fin de evaluar si puede ser una categoría útil para dar reconstrucciones racionales más detalladas.

En el próximo capítulo me ocuparé de caracterizar la diferencia entre hipótesis general e hipótesis particular, de analizar el concepto de 're-troducción' de Hanson (diferenciándolo del de abducción expuesto hasta el momento), y de modificar su intento de fundamentación de este esquema inferencial.

IV

N.R. Hanson y la retroducción

1. Introducción

Hasta el momento, he caracterizado a la metodología del descubrimiento y a la metodología de la justificación (cáp. I); he intentado distinguir claramente a la metodología del descubrimiento de la metodología de la plausibilidad (cáp. II), y a la metodología de la plausibilidad de la metodología de la justificación (cáp. III). Ahora estamos en condiciones de hacer una presentación *más precisa* de la metodología de la plausibilidad de Hanson y –consecuentemente– de diferenciar aun más los contextos de plausibilidad y de justificación. Esta precisión supone distinguir, dentro del contexto de plausibilidad, a la inferencia de la cual nos hemos ocupado hasta el momento, la abducción, de otra forma inferencial, la '*retroducción*', y mostrar cuales son sus credenciales epistémicas.

Por lo tanto, en este capítulo me propongo realizar dos tareas. En primer lugar (punto 2), presentar en detalle los principales rasgos de la retroducción y analizar los problemas que plantea el proponerla como una metodología de la plausibilidad. Con este fin expondré las características peculiares del esquema retroductivo en la *versión* Hanson; principalmente, la de pretender ser un modo evaluativo de hipótesis *generales*; es decir, de hipótesis *de trabajo*, más que de hipótesis *particulares*. Ilustraré este concepción de la inferencia de datos a hipótesis mediante la reconstrucción de la hipótesis de Kepler de la órbita elíptica de Marte.

Esta concepción de un *continuum* evaluativo, tal como se apreciará, presenta el atractivo de adecuarse más al retrato de la dinámica científica que nos ofrece la historia de la ciencia. La posibilidad de caracterizar filosóficamente al proceso de construcción de hipótesis como un proceso complejo que se extiende en el tiempo y el espacio es, a mi entender, la principal contribución de Hanson a la metodología de la ciencia.

Seguidamente (punto 3), haré algunas consideraciones sobre el *status* epistémico de este esquema inferencial y, por último, algunos comentarios acerca de las posibilidades de fundamentación y aplicación del mismo. En particular, señalaré que el intento de raíz logicista con el que Hanson intentó fundamentar a la retroducción es inviable. Además de desarrollar esta crítica, defenderé que esta clase de esquema ampliativo puede ser fundamentado desde un enfoque naturalista amplio. Tal como se observará, si la distinción entre *grados de generalidad* de la hipótesis evaluada puede ser racionalmente fundamentada, podrá contribuir positivamente a la tesis de que el contexto de plausibilidad es un contexto con credenciales epistémicas propias.

En la síntesis propuesta en el punto (4) revisaré nuevamente al esquema heredado introducido en el capítulo (I), el cual grafica la distinción clásica entre contextos (cfr. FIG. 4 de ese capítulo). En el mismo retrataré, en el nivel filosófico y normativo, a la retroducción como parte de la metodología de la plausibilidad.

2. Abducción y retroducción en la obra de N.R. Hanson

En sus dos primeros trabajos sobre el tema que nos ocupa (1958a y 1958b), este autor interpretó a la abducción de modo similar al de Peirce; es decir, como un esquema inferencial de criterios no-empíricos que confiere plausibilidad a las hipótesis particulares en un estadio evaluativo previo al de su testeo consecuencialista. Esta es la concepción de abducción que he presentado hasta el momento. En su (1960), sin embargo, ante una reseña crítica de Schon (1959) a su (1958b), Hanson formula de manera más ajustada su propuesta distinguiendo entre un esquema inferencial para hipótesis *particulares* de otro esquema para hipótesis *generales* o *clases* de hipótesis. Su metodología, según entiende Hanson, permite evaluar «*clases* de hipótesis», «hipótesis *generales*» o «*pro-to*-hipótesis»; es decir, propuestas cognitivas en estadios *primitivos* de su construcción.

Para Hanson, entonces, una metodología de la plausibilidad se ocupa de determinar qué *clase* de hipótesis, o que hipótesis *general*, o que hipótesis *de trabajo*, podría servir para explicar las anomalías que se presentan en un determinado contexto de investigación. Una metodología de la plausibilidad es, en sus propios términos, una estructura inferencial que confiere «plausibilidad a las *clases* de hipótesis» (cfr. 1960:186). Esta nueva caracterización de los esquemas inferenciales que funcionan en el contexto de plausibilidad, permite apreciar con más claridad la distinción entre el contexto de plausibilidad y el de justificación. Existe un *continuum* de juicios evaluativos en la actividad científica, pero el espectro que media entre el extremo retroductivo y el extremo justificativo es lo suficientemente amplio como para que se perciban sus diferencias.

A fines expositivos, en los capítulos (II) y (III) presenté a la abducción como un esquema inferencial *neutro*; es decir, sin distinguir si el mismo se empleaba para evaluar la plausibilidad de hipótesis generales o la plausibilidad de hipótesis particulares. De aquí en adelante reservaré el término 'abducción' para la propuesta de Peirce y la propuesta inicial de Hanson (el 'primer' Hanson), y utilizaré el término 'retroducción' para la propuesta madura de Hanson (el 'segundo' Hanson). Esta elección terminológica, por otro lado, parece haber sido la decisión implícita de este autor, quien en sus últimos trabajos denomina siempre así a su propuesta inferencial madura. Cfr., por ejemplo, su «Retroductive Inference» (1962b).

En concordancia con lo defendido en el capítulo (II.3), podemos decir que la distinción entre un 'primer' y un 'segundo' Hanson no debe estar basada en la distinción entre una metodología del descubrimiento y una metodología de la plausibilidad, sino en una distinción entre dos concepciones de metodología de la plausibilidad *de diferente generalidad*. A partir de esta nueva formulación podemos decir que la concepción final de Hanson es *diferente* de la dada por Peirce (y por él mismo en su obra temprana)[47].

Más que una modificación de su propuesta, Hanson entiende que esta nueva presentación de la abducción es una «explicitación» o una «precisión» de la dada en sus primeros trabajos (cfr. 1961). Esta apreciación parece ser correcta, ya que en su (1958a:72) Hanson hablaba de «hipótesis generales», e incluso presentaba ejemplos sobre clases de hipótesis.

Sin reparar en esta importante distinción, Thagard (1988:63) entiende que Hanson

> «afirmó que la abducción constituye una lógica del descubrimiento, pero más tarde se retractó en favor de un modo de razonamiento que sólo sugiere *clases* de hipótesis».

Pero aquí Thagard hace dos afirmaciones incorrectas. En primer lugar –tal como hemos visto en el capítulo (II.3)– Hanson *siempre* propuso a la abducción como una lógica para *sugerir* hipótesis antes de que éstas sean testeadas. (Si, como sostiene Thagard, Hanson se hubiese 'retractado' acerca de la *función* propuesta para la abducción, sin duda hubiese dejado de utilizar la expresión «lógica del descubrimiento». Las propias afirmaciones de Hanson así como la terminología y el contexto en que las presenta, no dejan lugar a dudas sobre esta interpretación). En segundo lugar, Hanson –tal como acabo de mencionar–, más que 'retrac-

---

47. En contra de esta interpretación, Schon (1959), Blachowicz (1987) y Vandamme (1985), interpretan la propuesta de Hanson como si fuera *igual* a la de Peirce, pero esto sólo es excusable en Schon, ya que su crítica se limita a los trabajos de Hanson de 1958.

tarse' *clarificó* su concepción de la inferencia *de* datos *a* hipótesis indicando que concibe a este esquema inferencial como una metodología que permite sugerir hipótesis *generales*, la retroducción, más que como una metodología que permite sugerir hipótesis *particulares*, la abducción.

Tal como autores como Kuhn y Duhem han enfatizado, el proceso científico tiene una *estructura histórica*; es decir, es un proceso complejo que acontece en el tiempo y el espacio. A pesar de esta clase de precedentes, la mayoría de las reconstrucciones racionales de los procesos de construcción de hipótesis no han desarrollado categorías analíticas para dar cuenta *metodológicamente* de la progresiva conformación de las hipótesis. Por lo general, categorías como 'idea científica', 'idea seminal', 'hipótesis de trabajo', 'idea especulativa' son utilizadas en reconstrucciones históricas sólo como términos *descriptivos*. Un autor como Conant (1951:47-9), por ejemplo, quien repara en el valor de estas categorías, no va más allá de observar que «las grandes hipótesis de trabajo» pueden ser adecuadamente descritas como «'conjeturas inspiradas'; 'golpes intuitivos', o 'brillantes flashes de imaginación'». Por lo tanto, aunque Peirce hace algunos comentarios aislados acerca de «clases de hipótesis» (cfr., p.ej., 5.188), este modo de caracterizar a la retroducción puede ser considerado como *una contribución de Hanson a la metodología científica*48.

Teniendo en cuenta la diferencia apuntada por Hanson entre *estadios* de plausibilidad, podemos establecer la siguiente nueva distinción dentro de una metodología de la investigación (de aquí en más, trazaré la oposición señalada por Hanson con las expresiones 'hipótesis general' e 'hipótesis particular', expresiones que, tal como puede apreciarse, no remiten a la distinción lógica 'general'/ 'particular'):

---

48. Peirce «parece haber buscado a tientas en esta dirección», comenta Hanson (1965b:47). En su (7.220), por ejemplo, Peirce dice que todas las órbitas que ensayó Kepler antes de dar con la correcta eran de una «*clase* fundamental» (el subrayado es mío). Sin embargo, Peirce nunca elaboró su propuesta sobre la base de esta distinción.

– Razones para *aceptar* HP (Donde *HP* es una hipótesis *particular,* minuciosamente especificada)	**Contexto de justificación**
– Razones para *sugerir* HP en primer lugar **Abducción** 　　　　　　　[Peirce, 'primer' Hanson] –Razones para *sugerir* HG en primer lugar (Donde *HG* es una hipótesis *general*) **Retroducción** 　　　　　　　['segundo' Hanson]	**Contexto de plausibilidad**
– Procesos irracionales o arracionales empleados para *descubrir* hipótesis	**Contexto de descubrimiento**

Fig. 1: Abducción y retroducción en los contextos de la ciencia según N.R. Hanson

Como vemos, la distinción metodológica fundamental es entonces entre razones para sugerir hipótesis *generales* y razones para aceptar hipótesis *particulares.* Esta distinción plantea, por supuesto, algunas preguntas. ¿Son las razones para sugerir hipótesis generales propuestas por Hanson *diferentes* de las razones para sugerir hipótesis particulares propuestas por Peirce (y él mismo en sus primeras obras)? ¿Son las razones mencionadas *diferentes* de las razones para justificar hipótesis particulares propuestas por la CMH? A fin de intentar dar respuesta a estas cuestiones –tarea de la que me ocuparé en el próximo capítulo a partir del análisis de ejemplos–, es necesario primero determinar mejor la diferencia existente entre las hipótesis generales y las hipótesis particulares.

2.1. Las hipótesis generales y las hipótesis particulares

Hanson introduce las nociones de «hipótesis general» (cfr., por ejemplo, 1958a:IV), «primera idea» de una hipótesis (cfr., p.ej., 1958b), «clase de hipótesis» (cfr., p.ej., 1961), «forma» de una hipótesis (cfr., p.ej., 1962b) o «proto-hipótesis» (cfr., p.ej., 1971) sin mayores precisiones. Las ideas subyacentes a su propuesta parecen ser básicamente dos. Una es heurística: la adopción de 'hipótesis generales' o 'clases de hipótesis' demarca el área de investigación en la que se encontrará a la hipótesis particular finalmente exitosa (cfr. 1969a:225). La otra es epistémica:

> «Es *racional* sostener cierta clase de hipótesis no testeada atendiendo a una ulterior exploración experimental» (1961b:40, el subrayado es mío).

A fin de inferir con más precisión cuál es la distinción que Hanson supone que existe entre las categorías *hipótesis general* e *hipótesis particular*, podemos revisar el análisis que éste realiza de la *Astronomia nova* de Johannes Kepler.

La historia de la «guerra personal» de Kepler con el planeta Marte es muy conocida. Kepler, primero luchó por mucho tiempo con el noble danés Tycho Brahe para que éste le cediera sus observaciones de Marte. Después, batalló durante largos años con estos datos a fin de proponer la hipótesis general sobre los movimientos de ese planeta. Y luego trabajó sobre esta hipótesis hasta llegar a la hipótesis particular *F(P)*:

> *F(P)*: La órbita de Marte es una elipse, inclinada en la eclíptica y con el Sol en uno de sus focos[49]

Desde la antigüedad, los movimientos de los planetas habían constituido un problema para la astronomía. Pero dada su posición respecto a la Tierra, era Marte el planeta que suministraba observaciones cruciales para cualquier teoría planetaria (cfr. Toulmin y Goodfield [1961]:198 208). Cuando el copernicano Kepler comenzó su tarea, Marte era el planeta exterior cuyo comportamiento observable era el que más difería del previsto por la teoría copernicana. Según Kepler, Marte

---

49. Luego, Kepler generalizó esta afirmación para *todos* los planetas, sosteniendo por analogía a la que hoy es conocida como 'la primera ley de Kepler'.

«ridiculizó a todos los astrónomos, hizo inútiles todos sus instrumentos y derrotó todos sus esfuerzos; ...[por eso] Plinio –el sacerdote de los misterios de la naturaleza– dijo que 'Marte es un astro imposible de controlar'» ([1609]:32).

Por ejemplo, la velocidad de este planeta 'aumentaba' a los 90° y 270° de su recorrido aparente sobre la Esfera Celeste, por lo cual su posición observable discordaba con la prevista en una medida en que la astronomía de la época no podía tolerar. Kepler comprendió que de poder dominarse la órbita de Marte se tendría la llave para entender el movimiento de los demás planetas. «Únicamente Marte» –comentó (p. 184)– «permite penetrar los secretos de la astronomía».

Con esta motivación Kepler, a partir de los datos de Tycho Brahe (los que permitían determinar con precisión a las anomalías), buscó arduamente una explicación de los movimientos de Marte. Su *Astronomia nova* ([1609]), texto técnico de carácter autobiográfico, retrata su larga y complicada búsqueda. En él, puede apreciarse que Kepler, *antes* de defender *F(P)* (1609), la órbita elíptica finalmente exitosa, tenía *buenas razones* para suponer que la explicación de los movimientos irregulares de Marte podía ser encontrada investigando la *forma* de su órbita *F(G)* (1600). Su razonamiento (retroductivo) fue que *si* la órbita de Marte fuera no-circular, podría explicar el aumento de velocidad aparente de Marte a los 90° y 270° de su recorrido. Al respecto, opina Hanson:

«En el pensamiento que conduce a hipótesis generales existen características constantes a lo largo de la historia de la física, desde Demócrito y Heráclito hasta Dirac y Heisenberg. Kepler no *comenzó* con la hipótesis de que la órbita de Marte era elíptica para luego deducir enunciados confirmados por las observaciones de Brahe. Estas últimas observaciones le fueron dadas, y plantearon el problema, fueron el punto de partida de Johannes Kepler. A partir de éstas se esforzó por obtener una hipótesis apropiada, después pasó a otra y después a otra, para acabar finalmente en la hipótesis de la órbita elíptica. Los filósofos de la ciencia han dado pocas explicaciones detalladas de los logros de Kepler, aunque su descubrimiento de la órbita de Marte es una cima del pensamiento físico. El filósofo de la ciencia no debe ignorar lo que Peirce llama la retroducción más bella que se haya hecho jamás» (1958a:72-3).

En su (1961a), *atendiendo* a la distinción entre categorías que nos ocupa, Hanson reconstruye el proceso *evaluativo* de construcción de la hipótesis *F(P)*. Allí, Hanson argumenta que, *antes* de defender *F(P)* –es decir, la hipótesis que hace referencia a una formulación particular de la forma de la órbita marciana (en este caso, la elipse)–, Kepler tenía *buenas razones* para suponer que la explicación de los movimientos irregulares de Marte podía ser encontrada investigando la *forma* de su órbita, *F(G)*. Dice Hanson al respecto:

> «El punto central es sí, *antes* de que se proponga una hipótesis que tiene éxito en sus predicciones, se pueden tener buenas razones para anticipar que esa hipótesis será una de alguna *clase* determinada. ¿Pudo Kepler, por ejemplo, *antes* de que su hipótesis de la órbita elíptica fuese establecida [por sus predicciones], haber tenido buenas razones para suponer que la hipótesis exitosa podía ser de clase no-circular?» (1961:21).

> «La tarea de Kepler fue: dados los datos de Tycho, ¿cuál es la curva más simple que los incluye a todos ellos? Cuando finalmente encontró la elipse, prácticamente finalizó su trabajo como pensador creativo. Cualquier matemático podía deducir, entonces, nuevas consecuencias no incluidas en las listas de Tycho» (1958a:84).

De este modo podríamos decir que, para Hanson, Kepler *primero* ponderó la idea general, la clase de hipótesis, la proto-hipótesis que afirmaba que la órbita de Marte es no-circular, *luego* afirmó la hipótesis particular de que la forma de esa órbita es una elipse, y *más tarde* sometió ésta a un proceso de justificación consecuencialista.

A fin de clarificar estas instancias inferenciales, comparemos las razones de plausibilidad y las razones de justificación mencionadas. En el caso de Kepler, las razones de plausibilidad empleadas para ponderar la primera formulación de su hipótesis pueden exhibirse mediante el siguiente esquema retroductivo:

–Datos de Tycho Brahe (*fenómeno problemático*)
–(*Conocimiento básico*)
–*F(G), C(G), T(G)*, etcétera (*hipótesis explicativas dadas*)
–(La hipótesis general *F(G)* explica el fenómeno problemático mejor que las hipótesis rivales disponibles)

–(Tenemos buenas razones para sugerir que la hipótesis general) *F(G)* es *plausible*

Por su parte, las razones de justificación de la hipótesis (particular) sobre el movimiento elíptico de Marte pueden ser retratadas mediante este esquema HD:

–*F(P)* —> Nuevas posiciones de Marte predichas a partir de *F(P)*
–Confirmación observacional de posiciones de Marte

–(Tenemos buenas razones para considerar que) *F(P)* está *justificada*

A juzgar por esta reconstrucción, Hanson entiende que hipótesis tales como «da órbita del planeta *x* es elíptica» o «da órbita del planeta *x* es ovoide» serían concreciones particulares de la hipótesis general «da órbita del planeta *x* es no-circular». Enunciaciones acerca de hipótesis generales e hipótesis particulares incluirían el mismo tipo de mecanismos, entidades y lenguaje técnico, difiriendo sólo en el mayor grado de precisión en que serían enunciadas las hipótesis particulares. Este parecería ser el modo de relación que Hanson presupone que existe entre esas estructuras teóricas de diferentes grados de desarrollo. Presuntamente, una hipótesis general es de carácter más amplio que una hipótesis particular, a la que Hanson define como una hipótesis «minuciosamente especificada» (cfr. 1961a:22).

Es importante subrayar que para Hanson la metodología retroductiva no se limita a la evaluación de simples regularidades y correlaciones. En su *Observation and Explanation*, por ejemplo, afirma:

> «Mientras era todavía un estudiante sin graduar (y mucho antes de que tuviese éxito en moldear la forma final de la ley de la gravitación universal), Newton razonó que la ley, cualquiera que fuese su forma última, tendría la estructura de la inversa del cuadrado. ...Newton tenía buenas razones para anticipar que la ley sería de esa *clase*. Sus razones de entonces (1661-1665), incluso hoy nos parecen buenas razones, a pesar de que fueron razones sostenidas veinte años antes de la formulación final de la ley en cuestión» (1971:65).

Refiriéndose al mismo ejemplo, ya en su (1962b:24) había comentado que «aunque una [formulación ulterior de esta ley] no fue descubierta hasta 1687, Newton percibió esta forma 'latiendo' en la enunciación de su problema en 1665»[50]. Es decir, Hanson subraya que Newton ponderó retroductivamente a la hipótesis *general* de la ley de la gravitación universal veinte años antes de proponer a la hipótesis *particular* de esta ley.

Observemos, por otro lado, que la *idea* de distinguir grados de desarrollo en una hipótesis no es una propuesta original de Hanson. Al considerar la existencia de gradaciones evaluativas, Hanson adopta lineamientos de la metodología inductiva clásica, tradición que contemplaba que los descubrimientos se realizan porque los científicos *trabajan sobre la forma de una regularidad ya conocida*. Para Whewell, por ejemplo, Snell tuvo éxito porque fue conducido por los errores inductivos de sus pre-

---

50. Hanson (1961:34) fundamenta su interpretación en los «Additional Manuscripts 3968, 41, 2» de la Lord Portsmouth Collection de la Cambridge University Library.

cursores (cfr. [1840/7]:II, 47). Sobre este mismo caso, Toulmin (1953:64) comenta que «Ptolomeo, Roger Bacon y Kepler podrían no haber estudiado la refracción en la forma que lo hicieron si no hubieran visto que existía una regularidad a ser descubierta». En otras palabras: los precursores de Snell trabajaban sobre la *idea general* de la refracción; Snell desarrolló y expresó numéricamente una regularidad ya conocida.

La siguiente larga cita contiene varios pasajes importantes como para caracterizar en más detalle la concepción de Hanson:

> «Muchos rasgos de la resolución de problemas reales por parte de la gente común y de los científicos comunes, exige comprender los *criterios* en virtud de los cuales pueden ser distinguidas las *buenas* de las *malas* razones. Mucho antes de que un investigador haya finalizado su investigación, resuelto su problema, y escrito su reporte final de investigación, debe haber habido muchas ocasiones en las que tuvo que usar su cabeza, invocar razones, y decidir entre aquellas especulaciones que le parecían potencialmente fructíferas y aquellas que no. Existen cosas tales como proto-hipótesis; ellas examinan nuestra capacidad para delinear *espacios* (*ranges*) de conjeturas plausibles; espacios dentro de los cuales estaríamos dispuestos a argüir que es probable que encontremos nuestra solución. La determinación de esos espacios de posibilidad y plausibilidad a menudo estará basada en razonamientos claramente exigentes. ...Existen cánones para la razón, criterios de racionalidad, los que distinguen buenas de malas técnicas, conjeturas prometedoras de dudosas, direcciones de investigación prometedoras de aquellas que no lo son...» (1971:64-6; itálicas en el original).

Un elemento a subrayar en la cita es que Hanson especifica que se interesa en los criterios de racionalidad de 'la gente *común*' y de 'los científicos *comunes*'. En otras palabras, limita el empleo de la retroducción al dominio de la ciencia normal. Ésta pertenece a la misma categoría analítica que los 'dominios', 'paradigmas', 'tradiciones de investigación', 'programas de investigación', 'temas', etcétera, de sus contemporáneos.

Otro punto a subrayar es que Hanson caracteriza a las hipótesis generales o proto-hipótesis como determinando *espacios* de conjeturas plausibles. Podríamos decir entonces que, predicada *respecto a hipótesis generales*, la retroducción permitiría reducir la búsqueda de una hipótesis particular al espacio demarcado por una hipótesis general. (Empleo aquí el concepto de 'espacio de búsqueda' en su uso técnico habitual en inteligencia artificial; es decir, como el dominio de todas las posibles soluciones plausibles a un problema). La reducción del 'espacio de búsqueda' posibilitado por la retroducción designaría una instancia procedimental que delimitaría el número de posibles soluciones –o, en este caso, de posibles hipótesis. Cabría mencionar que a diferencia de lo que acontece en el campo de la IA, donde en ocasiones se postulan heurísticas de búsqueda, Hanson no da indicaciones acerca de qué modo pasar de una hipótesis general a una hipótesis particular adecuada (más que la simple indicación implícita en su esquema de que se deben seguir utilizando los supuestos ontológicos de la hipótesis general), ni tampoco da indicaciones para una reconstrucción racional de este proceso; es decir –como ya indiqué en el capítulo (II.3)–, no incorpora heurísticas fuertes en su metodología normativa.

Antes de pasar a comentar la relación que existe entre los procesos de evaluación de hipótesis *generales* y el contexto de descubrimiento, cabe comentar que, por supuesto, las categorías de hipótesis general e hipótesis particular *no son las únicas posibles ni están claramente demarcadas*. En el próximo capítulo ejemplificaré la relación de estas categorías mediante la reconstrucción de otros casos históricos, mostraré los problemas que plantea el intentar demarcar estadios en un sistema conceptual en desarrollo, y trataré de argumentar acerca de la posibilidad y la ventaja metodológica de hacer tal demarcación.

2.2. *Las hipótesis generales y el contexto de descubrimiento*

Observemos que la distinción entre hipótesis general e hipótesis particular *no altera* las consideraciones del capítulo (II) a propósito del problema del *origen* de las hipótesis. Como indiqué allí (en el punto 3 de ese capítulo), Hanson entiende que cuando un científico se enfrenta a una anomalía considera la plausibilidad de un conjunto de hipótesis explicativas generales *disponibles*, pero *no dice nada* acerca de cómo se inventan estas hipótesis. Luego de referirse a la presentación retroductiva de la forma general de la órbita de Marte, *F(G)*, Hanson comenta que

> «Kepler *tenía* a su disposición otras clases de hipótesis: por ejemplo, que *el color* de Marte era el responsable de las altas velocidades observadas, o que esto se debía a *la disposición de las lunas* de Júpiter» (1961:21).

Es curioso que Hanson cite a hipótesis rivales posibles y no a reales hipótesis rivales, tales como que las anomalías en el movimiento de Marte se debía a errores de observación, hipótesis que Kepler había descartado opinando que «da divina providencia nos ha dado en Tycho un observador muy cuidadoso» (cfr. Abetti [1949]:144). Pero en realidad no importa demasiado. Lo que la frase intenta indicar es que (lógicamente) siempre hay hipótesis rivales a disposición. Las hipótesis generales rivales pueden parecer más o menos verosímiles, y en consecuencia ser descartadas con menos o más dificultad; lo que importa es que existan criterios que permitan determinar su plausibilidad.

Hanson no buscó reconstruir las razones que condujeron a Kepler a la hipótesis general *F(G)*, sino sólo las razones que le permitieron adoptar *F(G)* y rechazar a sus otras compañeras rivales cuando estas hipótesis generales se presentaron a su consideración.

> «Formar la *primera idea* de la órbita elíptica planetaria, o de la aceleración constante, o de la atracción gravitacional universal realmente requiere genio: nada menos que el genio de un Kepler, un Galileo o un Newton. ...Tal vez *sólo* Kepler, Galileo y Newton tenían un intelecto lo suficientemente poderoso como para concebir estas nociones. ...Pero reconocer esto no implica conceder

que sus razones para *proponer* esos conceptos *sobrepasan la investigación racional*» (1958b:1083; el subrayado es mío).

La distinción, tal como indiqué en (II.3.2), es clara: se trata de procesos
de invención por un lado y de procesos de evaluación por el otro. El
'genio' de Kepler, por supuesto, no radica en haber pensado en la figura
geométrica 'elipse', sino en haber vinculado a esta figura con los fenómenos anómalos. Del mismo modo, el genio de Copérnico no reside en
haber sido el primero en pensar la idea de que el Sol está en el centro
del Sistema Planetario –idea que pertenecía a la cosmología desde tiempos inmemoriales. Sino en haberla ponderado seriamente, y en conver-
tirla en una hipótesis de trabajo, en un programa de investigación.

Quizá el profundo conocimiento de la astronomía de su época por parte
de Kepler junto a algún hábito o ley mental de asociación pueden ser
los responsables causales de la génesis de *F(G)*; *quizá* la percepción de
las anomalías evocó en Kepler algún patrón conceptual almacenado en
su mente; *quizá*, como opina Salmon (1970:68), Kepler fue conducido
por «un sentido místico de armonía universal», o *quizá* simplemente
Kepler reconoció como posibles explicaciones alternativas a un conjunto de hipótesis surgidas en su mente por variaciones al azar. De hecho, siempre hay un contexto cultural y características psicológicas que
alientan o bloquean la invención e incluso la ponderación inicial de una
hipótesis (cfr. Boring [1954]). A este respecto es significativo que al
comienzo de su trabajo el joven Kepler tuvo en cuenta la hipótesis
F(G), pero la descartó porque el principio del movimiento circular uniforme estaba muy arraigado en su cosmovisión. Pero esta clase de consideraciones –las que, como vimos en el capítulo (II), Hanson relegaba
al campo de la psicología– no son relevantes desde un punto de vista
filosófico.

Como ya he indicado, fuera de la cuestión de cómo conciben hipótesis
los científicos, lo que Hanson pretende con su enfoque inferencial es
determinar si existen buenas *razones* para proponer o rechazar (clases

de) hipótesis ya concebidas; es decir, decidir si éstas tienen sustento racional. Confrontemos, no obstante, esta interpretación plausibilista de Hanson con la interpretación 'creativista' que ofrece Salmon (1967:114). Este autor alaba la distinción de razones señalada por Hanson: «Hanson ha argumentado (pienso que correctamente)» –dice– «que existe una importante distinción lógica entre argumentos de plausibilidad y el testeo de hipótesis». Sin embargo, Salmon sostiene que Hanson «ha unido (incorrectamente) argumentos de plausibilidad con descubrimiento». Con *esta* concepción de la propuesta de Hanson, Salmon argumenta respecto a la posibilidad de recuzar las hipótesis rivales de *F(G)*: «Kepler podría haber rechazado tales hipótesis *si ellas se le hubieran ocurrido*» (*ibid.*; subrayado en el original). Claramente, Salmon critica que Hanson, en su argumentación –que él (tengo la certeza que incorrectamente) entiende es sobre descubrimiento–, no hace consideraciones sobre el surgimiento de hipótesis.

Es importante subrayar que Hanson *tampoco* busca reconstruir las razones que condujeron a Kepler de *F(G)* a *F(P)*. Esta tarea, según él, también «requirió genio y tiempo». Es decir, Hanson no dice de qué modo Kepler llegó a construir *F(P)*, 'la órbita del planeta Marte es elíptica', o alguna hipótesis similar tal como 'la órbita del planeta Marte es ovoide' (una de las hipótesis particulares rivales que Kepler consideró). Un análisis detenido de la *Astronomia nova*, sin embargo, muestra que luego de su inferencia inicial de la hipótesis de la no-circularidad, Kepler realizó una planificación general de estrategias a seguir, tales como dominar la órbita terrestre, determinar la distancia Sol-Tierra, etcétera (cfr. Wilson 1972). Como he indicado en el apartado anterior, esta clase de estrategias pueden ser denominadas heurísticas, y no son objeto de análisis por parte de Hanson.

A continuación, me ocuparé del *status* epistémico de los criterios no-empíricos.

3. Los criterios de plausibilidad: entre la psicología del descubrimiento y la lógica de la justificación

¿Cuál es el *status* de los criterios que Hanson propone para evaluar hipótesis generales? Varios autores de la CMH entienden que esta clase de criterios son extra-epistemológicos, extra-filosóficos o extra-lógicos o, como Feigl, meros «factores *psicológicos*». Popper, por ejemplo, los considera «suplementos *metodológicos*» (cfr., p.ej., [1934]:I), y Carnap «consideraciones *metodológicas* prácticas» (cfr., p.ej., [1934/7]:320). (Recordemos que para estos autores lo que hoy entendemos por metodología era en realidad una 'lógica de la ciencia', y que concebían a la 'metodología' como una disciplina empírica, del mismo *status* descriptivo que la psicología, la historia o la sociología de la ciencia). En contraposición, Hanson —quien los caracterizó adecuadamente como *«fantasmas de la metodología»*– defenderá que los criterios de plausibilidad son lógicos, que tener criterios de esta clase es tener *razones* —como opuesto a tener intuiciones (cfr. 1958b:1075)[51].

Cuando nos preguntamos acerca del *status* lógico, normativo, etcétera, de los criterios que conforman la metodología científica, se nos abren *dos posibilidades meta-metodológicas*: que éstos sólo sean *descriptivos*; es decir, que caractericen empíricamente lo que sucede en la actividad científica, o que sean *normativos*; que prescriban acciones científicas. En este último caso estamos expuestos al *problema de la fundamentación*[52].

---

51. En este punto me ocuparé del estatuto epistémico de las inferencias de datos a hipótesis *en general*; es decir, sin distinguir entre instancias abductivas y retroductivas, ya que este problema es el mismo para cualquier tipo de criterio no-empírico.

52. Una breve digresión a fin de evitar una confusión terminológica innecesaria. Frecuentemente, se emplean los términos 'justificación' y 'fundamentación' como sinónimos, sin discriminarse entre la acción de justificar el conocimiento y la de 'justificar' las reglas utilizadas para esa justificación. (Un ejemplo de este uso equívoco es la expresión 'el problema de la justificación de la inducción'). La 'teoría de la confirmación', por ejemplo, es una teoría de la justificación *de teorías*. Se propone

Existen dos grandes doctrinas que se ocupan de cómo los criterios deben ser fundamentados: el logicismo y el psicologismo. (Sería conceptualmente más apropiado contraponer al logicismo el 'naturalismo', ya que esta expresión abarca todos los 'ismos' empíricos: historicismo, sociologismo, psicologismo, etc. Pero históricamente la oposición se ha planteado en los términos mencionados). Para el *logicismo*, la lógica es la única fuente y garantía de los criterios de evaluación científica. Para el *psicologismo*, es la psicología la única disciplina que puede fundamentar y dar cuenta del origen de los criterios evaluativos.

De acuerdo al logicismo, los criterios o las reglas se fundamentan *a priori* en virtud de su forma lógica. Considerando que por su carácter *analítico* la deducción es la única forma lógica válida, los logicistas hacen del *modus tollens* el núcleo de su sistema. De este modo las reglas que conforman a una metodología son independientes de cuestiones empíricas, e inmutables en todo tiempo y lugar. Dado su carácter normativo, las reglas ofrecen definiciones de *racionalidad*, por lo que expresan un ideal al cuál se debe aspirar. A partir de estas caracterizaciones, tal como vimos, los logicistas trazan una diferencia tajante entre el contexto de justificación y los demás contextos de la ciencia, los que quedan excluidos del análisis lógico y –por extensión– del dominio de la racionalidad.

---

como un patrón inferencial que justifica la aceptación de hipótesis inferidas en el contexto de justificación. Otro problema diferente es si esta forma inferencial está en sí misma justificada (¡o fundamentada!). Es en este sentido en que al aludir a 'el problema de la inducción' se quiere decir que la inferencia inductiva no está justificada, y que por lo tanto ella misma no puede ser utilizada para justificar el conocimiento. Pero se trata de dos problemas distintos. Considerando que ya he empleado el término 'justificación' para referirme al contexto metodológico de evaluación de hipótesis, llamaré al primero de estos problemas –el de justificar las hipótesis– 'problema de la *justificación*', y al segundo –el problema de 'justificar' las reglas de inferencia con las cuales se justifican las hipótesis– 'problema de la *fundamentación*'. De hecho, este término suele ser bastante utilizado para designar este problema.

El psicologismo es la categoría epistemológica opuesta al logicismo. Por 'psicologismo' se entiende al intento de caracterizar la racionalidad por medio de operaciones mentales, o a la pretensión de explicar las relaciones lógicas en función de procesos psicológicos. La adopción de alguna forma de psicologismo, desde el punto de vista del logicismo, conduciría a perder o a diluir el carácter normativo de la lógica o la metodología (o la filosofía). Como podemos ver, el hecho de que una metodología o una 'reconstrucción racional' abarque a inferencias deductivas tanto como a inferencias no-deductivas como la retroductiva, dependerá de la doctrina epistemológica del metodólogo que realice la evaluación y, consecuentemente, del criterio de fundamentación que incorpore esta doctrina.

Aquí es útil distinguir entre un psicologismo *fuerte* y un psicologismo *débil*. El *psicologismo fuerte* es la variante doctrinal que afirma que la lógica es normativa *y* descriptiva de procesos mentales, en el sentido de que las reglas de la psicología dictan las reglas de la lógica. En esta variante de psicologismo, como se advertirá, la lógica efectivamente pierde su carácter normativo independiente. El *psicologismo débil*, en cambio, intenta fundamentar las reglas normativas *a partir* de las reglas psicológicas, pero respetando la autonomía normativa de la metodología. Dado que considero que esta variante psicologista es la única alternativa viable al logicismo, será principalmente de ella de la que me ocuparé aquí.

Ya estamos en condiciones de enunciar la primera de las varias *desventajas y limitaciones* del logicismo: éste deja a muchas inferencias eficientes fuera de su territorio epistemológico; incluso, por supuesto, a la inferencia retroductiva. Un autor como Peirce, quien difícilmente puede ser acusado de psicologista extremo, hace una advertencia a los excesos del logicismo, que puede ser de utilidad aquí:

> «La lógica formal *no debe ser puramente formal*; debe representar un hecho de la psicología, o estará en peligro de degenerar en una recreación matemática» (2.710; el subrayado es mío).

Popper, un deductivista extremo, jamás ha oído ese tipo de advertencias. Para él, si las inferencias de los humanos no se ajustan al *modus tollens*, tanto peor para los humanos; pero no es la psicología sino la forma lógica la única fuente de fundamentación de las reglas de inferencia.

En realidad, el problema del logicismo es mucho más agudo, lo que nos lleva a enunciar una *segunda desventaja*: la metodología logicista no sólo deja fuera de su dominio un área de investigación que era parte de su proyecto eliminar, sino que fracasa en el contexto para el que fue específicamente proyectada. Tal como Kuhn y Putnam han observado, una abrumadora cantidad de 'evidencia histórica' muestra que las evaluaciones en el contexto de justificación *no se ajustan* a la guía normativa de la lógica y el experimento. En síntesis: las reglas logicistas no son ni siquiera adecuadas para el contexto de justificación. Esta desventaja tiene un corolario que puede ser formulado como *otra desventaja*: el logicismo no sólo deja fuera de su *reconstrucción* lógica (¿racional?) a los procesos de evaluación, sino a los *productos* mismos de los procesos evaluativos. Tal como ya mencioné, *ninguna* teoría científica *real* satisfizo los requisitos lógicos de las metodologías logicistas.

Relacionada con las desventajas mencionadas existe la siguiente, quizá de un carácter aún más esencial: el logicismo reduce el conjunto de reglas metodológicas a reglas analíticas que pueden ser aplicadas de modo mecánico. Y debido a que define a la racionalidad en función de esas reglas, produce un concepto de racionalidad limitado a procedimientos mecánicos y algorítmicos. Este resultado, en sentido estricto, quizá no pueda ser ponderado como una desventaja o una limitación, pero si consideramos que después de todo la función de la metodología es la de dictar pautas para una actividad realizada por humanos, no puede dejar de presentarse como un resultado indeseado y sospechoso.

Por otro lado, si los criterios retroductivos permiten adoptar hipótesis que luego la experiencia muestra como exitosas, ¿no es razonable utilizarlos? Y en ese caso, ¿no es posible considerarlos como parte *constituti-*

va de una metodología normativa? Si existe alguna forma de fundamentación viable, asumir que estos criterios *no* son parte de la metodología es más un tema de definición que una imposición de la naturaleza.

El logicismo tiene, sin embargo, un elemento que cuenta a su favor: el apriorismo, pese a sus problemas, parece ser la única forma de justificación posible. Tal como se ha indicado, cualquier fundamentación psicologista o naturalista corre el riesgo de cometer algún tipo de falacia: la falacia 'es-debe', la falacia 'genética', etc. Lakatos, por ejemplo, sostenía que cualquier intento de fundar las normas en la descripción sólo produciría «retórica vacía». Para muchos, el fin del apriorismo representa el fin de normatividad y el comienzo del relativismo y el escepticismo.

Ahora bien: se trata sólo de una ventaja *aparente*. Arriesgo una breve justificación histórica de esta afirmación: durante gran parte de la historia de la epistemología, los metodólogos se despreocuparon del problema de la fundamentación (cfr. Laudan 1981). El problema de Hume recién fue tomado en serio por Frege, y entró a la metodología contemporánea con los metodólogos logicistas de primera mitad del siglo XX, los metodólogos de la Concepción Heredada. De este modo, ellos instalaron el problema de la fundamentación *junto con la respuesta estándar*: la fundamentación debe ser *a priori*, la lógica es la Filosofía Primera. En síntesis: su gran ventaja es haber creado la ilusión de que el peso de la prueba no está de su lado.

¿Pero por qué habría de ser así? Tal como nos han enseñado las críticas de Quine al concepto de *analiticidad*, los principios inferenciales pueden ser revisados a la luz de la experiencia.

A fin de subrayar la posibilidad normativa de los criterios de retroducción, es importante señalar que la reconstrucción logicista de la Concepción Heredada es, solamente, *una* forma de reconstrucción, y que hay un amplio espectro de formas de reconstrucciones racionales posibles.

La función de una metodología normativa es la de dar una *explicación organizada* de los procesos de pensamiento científico, de mostrar la *racionalidad* de la empresa científica, de exhibir la *inteligibilidad* de las acciones y decisiones de los científicos; es decir, de hacerlas comprensibles. ¿Por qué esta tarea, que afecta a la actividad científica de modo esencial no podría ser realizada *a posteriori*; es decir, a partir de la información disponible?

Ahora que he dejado abierta la posibilidad del psicologismo débil, paso a caracterizarlo brevemente y a enunciar sus potenciales ventajas.

La mayoría de las estrategias *psicologistas débiles* intentan articular alguna versión modificada del «círculo virtuoso» que, según Nelson Goodman ([1965]:III.2), se establece entre *principios* y *prácticas* inferenciales. (Esta argumentación es presentada por Goodman respecto a las reglas y prácticas deductivas, pero –según este autor– «se aplica igualmente a la inducción» (cfr. [1965]:67)).

El núcleo central del argumento de Goodman radica en afirmar que cuando este círculo logra un equilibrio reflexivo, las prácticas alcanzan su fundamentación porque se adecuan a un principio aceptado y, a su vez, los principios quedan fundamentados porque pertenecen al sistema en equilibrio53.

---

53. «*Una regla es corregida si produce una inferencia que no estamos dispuestos a aceptar; una inferencia es rechazada si viola una regla que no estamos dispuestos a cambiar.* [Fundamentar] es el delicado proceso de hacer ajustes mutuos entre reglas e inferencias aceptadas; en el acuerdo subyace la única [fundamentación] necesaria para ambas» (Goodman [1965]:64; cursivas del autor). Las principales críticas a este argumento se dirigen a mostrar que el hecho de alcanzar un estado de equilibrio no es criterio *suficiente* para considerar que los principios están fundamentados. Stich y Nisbett (1980), por ejemplo, exponen contraejemplos que muestran que incluso una inferencia falaz

Es importante aclarar que no es necesario que la adopción de un psi-cologismo excluya a otros programas naturalizados. David Stump (1992:458) a señalado con acierto que uno de los "dogmas" de la epis-temología naturalizada ha sido el de pretender que «una ciencia privile-giada sea el único modelo para la meta-metodología». Las disciplinas naturalistas pueden y deben ser complementarias. Los aportes de la psi-cología se ampliarían, de hecho, con informaciones de la historia, la IA, la sociología de la ciencia y otras disciplinas cognitivas.

Una fundamentación psicologista amplia así definida podría tener varias ventajas comparativas con el logicismo. En primer lugar, podría tomar a los procesos reales de pensamiento como su punto de partida. En se-gundo lugar, podría tener en cuenta tanto las capacidades como las li-mitaciones cognitivas humanas, y de este modo prescribir inferencias que sí sean realizables por los humanos. Para decirlo con una fórmula que no cumple el logicismo: El *debe* implica el *puede*.

Por último, podemos decir que el hecho de que la concepción de racio-nalidad que emerge de esta clase de fundamentación sea 'empíricamente acotada' más que 'lógicamente definida', no altera la existencia de un vínculo entre metodología y racionalidad. Antes bien: humaniza el contenido de la metodología y, por extensión, el de la concepción de racionalidad que caracterice a nuestras acciones y decisiones.

---

puede alcanzar rápidamente este equilibrio. Uno de ellos es el que denominan la «falacia del jugador», en el cual un jugador cree que la probabilidad de que se dé un suceso a las $n+1$ veces de no haber acontecido es mayor que la probabilidad de que se dé a las n veces de no haber ocurrido. Estos contrargumentos tienen, a su vez, sus propios contrargumentos. Autores como Thagard (1982) han intentado corregir los problemas exhibidos por críticas de esta clase equilibrando el sistema dado por Goodman mediante la incorporación de otras disciplinas empíricas al 'círculo', tales como la historia de la ciencia. Nuevamente, dado que estas discusiones se alejan del problema que presento aquí, no me ocuparé de ellas.

Curiosamente, no hay muchos intentos de fundamentación psicologista de las inferencias de datos a hipótesis. Creo que con los metodólogos abductivistas sucede los mismos que con los especialistas de IA que utilizan la abducción: priorizan los aspectos prácticos: reconstruyen sobre la base de criterios abductivos, aplican criterios abductivos, pero no se preocupan demasiado con los problemas de la fundamentación (como un caso paradigmático, ver Josephson y Josephson (eds.) 1994).

Bybee (1996:45), por ejemplo, deja rápidamente el problema de la fundamentación de lado con la siguiente frase: «las abducciones son, por supuesto, *deducciones* 'formalmente inválidas', ¡pero entonces las deducciones son abducciones 'formalmente inválidas'!».

Quizá Peirce, un autor que osciló entre el logicismo y el psicologismo, sea quien haya dado la única caracterización psicologista positiva. Para él, los criterios de abducción conforman lo que nominó *luz natural de la razón* (cfr. 5.603-4), y su fundamento reside en que son el producto de la evolución conjunta de la mente y la naturaleza.

También curiosamente, hay varios intentos logicistas de fundamentación, la mayoría de ellos fundados en el principio de que la inferencia de datos a hipótesis (ya sea en su versión abductiva como retroductiva) comparte estructura lógica con la deducción.

Peirce, por ejemplo, en sus primeros textos ofrece una fundamentación apoyada en el principio de que mientras deducir es 'razonar hacia adelante', abducir es 'razonar hacia atrás'. Jevons ([1873/7]) presenta su propia propuesta, bajo la idea de que la abducción es una 'deducción inversa'. Otros intentos se basan en sostener que así como deducir es ir de las causas a los efectos, la abducción sigue el camino inverso, de los efectos a las causas. Creo que esta línea está resumida en el intento logicista de Hanson. Lo presentaré con cierto detalle, porque permitirá exhibir nuevas desventajas del logicismo, e incluso las desventajas de un psicologismo centrado sólo en procesos mentales.

A fin de defender que los criterios de plausibilidad *son lógicos*, y que pueden conformar una 'lógica' o metodología de la plausibilidad *autónoma*, Hanson (en sus 1962b, 1965a y 1965b) confronta la metodología hipotético-deductiva (HD) con la 'retroductiva' (de aquí en adelante, 'RD'). Gráficamente54:

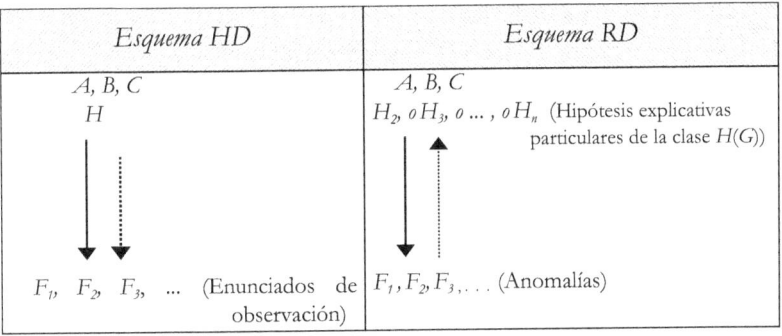

Esquema HD	*Esquema RD*
A, B, C H $F_1, F_2, F_3, \ldots$ (Enunciados de observación)	A, B, C $H_2, o\, H_3, o\, \ldots, o\, H_n$ (Hipótesis explicativas particulares de la clase $H(G)$) $F_1, F_2, F_3, \ldots$ (Anomalías)

Fig. 4. *Los esquemas hipotético-deductivo y retroductivo según Hanson*

En los esquemas, las líneas de puntos expresan el orden *real* del razonamiento científico y las líneas continuas el orden *lógico* de los respectivos argumentos.

De acuerdo a Hanson,

- Para el modelo HD, el problema planteado en una situación científica es el siguiente: dadas las hipótesis auxiliares A, B y C (aceptadas como verdaderas) y la hipótesis H (conjeturada), determinar si los enunciados de observación F proporcionan a H el mismo grado de aceptabilidad que tienen las hipótesis auxiliares ABC.

---

54. Modifico la presentación de Hanson comenzando la serie de hipótesis a partir de H_2 a fin de contemplar que las anomalías son tales respecto a las derivaciones de una hipótesis H_1 previa (de la misma o de diferente clase).

- Para el modelo RD, el problema es el inverso: dados los fenómenos *F* y las hipótesis auxiliares *ABC*, evaluar si es plausible que a partir de *H* (en conjunción con *ABC*) se siga *F*. (Hanson ejemplifica este problema contrastando el problema de las perturbaciones con el problema inverso de las perturbaciones de la astronomía).

Según los autores de la CMH, en ambos casos (de «despliegue» y de «captura» de premisas respectivamente) el *principio para evaluar* las soluciones alcanzadas *es el mismo*: «¿existe un camino lógico que conecte *ABC* y *H* con *F*?». Por lo tanto, en ambos casos *el problema es el mismo*. La cuestión de la existencia de un camino lógico –argumentan los autores de la CMH– es independiente de que éste sea atravesado de un 'comienzo' a un 'fin' o de un 'fin' a un 'comienzo'. Desde este punto de vista lógico, si algo distingue a ambos modelos no son más que consideraciones no-lógicas.

Hanson, por su parte, coincide en que en ambos casos *el principio* lógico –representado por la flecha continua– *es el mismo*. Sin embargo, sostiene, los problemas planteados *son diferentes*; son «problemas 'inversos'». Existe una «profunda diferencia conceptual» entre deducir enunciados y buscar explicaciones, afirma. Aunque la existencia de un camino –lógico o geográfico– sea independiente del sentido en que se lo recorra, la dirección del viaje –la flecha de puntos– *no es* sólo tema de psicólogos.

En ambos esquemas –según Hanson– se ha inferido en distintos contextos epistémicos. En un caso, a partir de las *anomalías* se pondera una hipótesis; en el otro, a partir de una *hipótesis* se ponderan los enunciados de observación derivados de ella (1962b:64).

A fin de analizar este argumento, observemos, en primer lugar, que las motivaciones de Hanson son correctas: el problema al que se enfrentan los científicos es en cada caso diferente. En uno se busca 'explicar anomalías' y en el otro 'testear hipótesis'; es decir, en uno se trata de decidir si una hipótesis es *plausible*; en el otro, de decidir si una hipótesis puede ser *aceptada*.

Como vimos en el capítulo (II), las relaciones inferenciales son relaciones formales entre enunciados (premisa(s) y conclusión) *ya dados* en un argumento. Seguramente hubo razonamientos involucrados en la *invención* o el *hallazgo* de algunos de estos enunciados, pero no necesariamente por parte de la misma persona que los evalúa. Sin embargo, quien realiza esta tarea crítica –sea o no la persona que los enunció por primera vez– razona a fin de decidir si aceptar o no, o sugerir o no, los enunciados alcanzados.

De acuerdo a Hanson, en las diferentes tareas los procesos mentales –la flecha de puntos– han sido *diferentes*; sin embargo, en ambos casos el *principio lógico para evaluar* –la flecha continua– ha sido el *mismo*. De este modo la retroducción quedaría fundamentada porque su estructura lógica sería la misma que la de la deducción.

Criterios como los de analogía o simetría, según Hanson, son «criterios formales» (cfr. 1962b). Aunque nuestra confianza en ellos provenga de su éxito pasado, su uso está legitimado por su forma lógica:

> «No discutimos la *génesis* de nuestra confianza en esa clase de argumentos, sólo la *lógica* de los argumentos mismos. Dada una premisa analógica, o una basada sobre consideraciones de simetría –o incluso sobre la enumeración de particulares– argumentamos a partir de ellas de diferente modo lógico. Consideremos qué se requiere para convencer a alguien que duda de tales argumentos: dudar de "Todos los *A*'s son *B*'s" cuando esta afirmación está basada sobre una inducción por enumeración sólo puede ser un desafío a fundamentar la inducción... Pero esto es inapropiado cuando los argumentos descansan sobre analogías o sobre el reconocimiento de simetrías formales» (1961:26-7).

¿Es convincente la argumentación de Hanson? Como pudimos apreciar, para otorgar dignidad a los criterios de plausibilidad éste autor adopta una estrategia claramente *logicista*: los hace compartir estructura lógica con los argumentos deductivos. Esta parecería ser una estrategia ineficiente, ya que logra alejar el fantasma del psicologismo al costo de perder las características propias de los criterios de plausibilidad.

Por otro lado, la evaluación que una fundamentación logicista podría legitimar sería demasiado general. Para decirlo en términos de Popper: las hipótesis que podría ponderar serían cautelosas e infalsables. En la práctica científica madura, cada tradición de investigación define sus criterios de simplicidad de diferente modo, y cada comunidad científica valora de modo diferente a diferentes hipótesis, con lo cual los criterios de analogía con las cuales las ponderan deben incorporar especificaciones acerca de las entidades y supuestos ontológicos de cada comunidad. En síntesis: sin criterios situados de modo contextual, el esquema retroductivo sería poco restrictivo.

Si consideramos que la naturaleza de los criterios retroductivos es histórica y contextual, veremos claramente que éstos no pueden tener una fundamentación logicista. Pero también veremos que una fundamentación psicologista *à la* Peirce es incompleta. Pues una legitimación que explique a las inferencias por la adaptación evolutiva de la mente al mundo sólo podrá fundamentar criterios no-empíricos de carácter muy general. Lo que se requiere es un psicologismo amplio, que incorpore información de otras disciplinas empíricas. Para utilizar la imagen de Peirce: la luz natural de la razón ilumina de modo indiscriminado. Lo que se requiere es una *luz histórica, o una luz cultural de la razón*, que contenga información contextual. En resumen, un naturalismo débil: psicologismo con contrastaciones computacionales de la IA, con ajuste temporal de la historia, con ajuste numérico de la sociología, etcétera.

Aquí emerge una de las principales ventajas de una fundamentación naturalista débil *amplia*: permite situar a los criterios retroductivos en particular y a la metodología en general como elementos inherentes a la práctica científica, adjudicándoles de este modo las mismas cualidades temporales que a elementos como las hipótesis o los experimentos. Es decir; permite reflejar que a pesar de ser más 'duraderas', las reglas científicas evolucionan conjuntamente con toda la práctica científica.

Esta clase de programas hereda, por supuesto, los problemas de 'justificar' o 'fundamentar' la inducción y se enfrenta a las conocidas acusaciones de pasar «despreocupadamente» de generalizaciones descriptivas a generalizaciones normativas. Pero el problema de la fundamentación de las reglas y criterios de la metodología *no* es el problema de la metodología: la 'gloria de la ciencia' y 'el escándalo de la filosofía' son, sí, contracaras de la *misma* moneda epistemológica, pero —aunque no son opuestas como puede sugerir la conocida metáfora— son caras *diferentes*.

Mi objetivo en este trabajo es el de evaluar la posibilidad (y fecundidad) metodológica de la propuesta de Hanson, no el de resolver el problema de la inducción o el de introducir un programa naturalizado[55]. Por lo tanto, no intentaré desarrollar una fundamentación de los criterios propuestos. Éste puede parecer un modo «despreocupado» de eludir el problema. Una alternativa hubiese sido la de hacer una exposición sumaria de las principales fundamentaciones historicistas existentes. Otra, la de optar por alguna de ellas —decir, por ejemplo, que las consideraciones aquí vertidas pueden ser compatibles con una 'vindicación' de la inducción, y remitir a alguna obra que haga una presentación general de este intento de fundamentación[56]. Una tercera alternativa, intentar algún modo relativista

---

55. Obsérvese, sin embargo, que la viabilidad de esta clase de programas no puede ser desestimada *a priori*. Juzgar qué procedimientos han contribuido al desarrollo de la ciencia, y a partir de esta información extraer consideraciones metodológicas no implica derivar acrítica o despreocupadamente normas a partir de descripciones; no es, necesariamente, una *deducción* del *debe* a partir del *es*.

56. Decir, por ejemplo, «cfr. Richard Swinburne (ed.), [1974], *The Justification of Induction*, Oxford University Press, Oxford».

de diluir el problema. Pero, tal como argumenté antes, este es un problema diferente del metodológico que he planteado aquí, y el no multiplicar temas más allá de lo necesario es, después de todo, una máxima de la investigación científica.

Observemos, por otro lado, que el problema de 'fundamentación' de los criterios no-empíricos utilizados en las instancias de plausibilidad *no es mayor* que en la 'inferencia a la mejor explicación' y otras metodologías de justificación de hipótesis que incorporan esta clase de criterios. Buchdahl (1970:213), un historiador de la ciencia, sostiene que el hecho de que criterios de esta clase hayan funcionado en procesos de elección de hipótesis es una razón para considerarlos tanto –«o *más*»– válidos que si tuvieran fundamento lógico logicista. Sostiene, además, que a menos que se provea de un adecuado conjunto de criterios *puramente lógicos* de elección –«junto con su [fundamentación]»–, cualquier denuncia de «subjetivismo», «psicologismo» o «historicismo» respecto de estos criterios carece de fuerza.

Si esta clase de argumentación sobre fundamentación presentada para criterios no-empíricos operantes en las instancias de justificación es válida, también lo debería ser para estos criterios cuando son utilizados en las instancias de plausibilidad. Dado que la concepción de Hanson se centra en defender que estos criterios cumplen una función metodológica en *esas* instancias, el peso de una defensa de esta concepción, más que en defender su posibilidad de fundamentación, debe sustentarse en exhibir que esta clase de criterios es realmente operativa en la práctica científica –o, trazando un paralelo con la apreciación de Buchdahl: que han funcionado en procesos de evaluación previa. Todos los ejemplos mencionados hasta el momento –los de Newton, Kepler, Snell, Copérnico, etcétera– son claros ejemplos históricos de procesos de evaluación previa. Continuaré con esta tarea en el próximo capítulo, en donde intentaré reconstruir ejemplos de otra clase de procesos científicos en donde la metodología de la plausibilidad cumple un rol evaluativo relevante.

4. Síntesis y comentarios

En este capítulo he presentado y analizado la inferencia retroductiva propuesta por Hanson como herramienta analítica de la práctica científica. He subrayado que –además de adoptar la distinción de Peirce entre justificación y plausibilidad– la originalidad de su propuesta se centra en la distinción entre una instancia de plausibilidad para *hipótesis generales* (la retroducción) de otra para *hipótesis particulares* (la abducción). He consignado, también, que aunque esta distinción no aporta nada al análisis filosófico del origen genético del descubrimiento, sí agrega categorías normativas para el análisis dentro del contexto de plausibilidad.

Ya estamos en condiciones de trazar una nueva distinción en el esquema heredado. Allí, en el 'nivel filosófico', debemos diferenciar, dentro del contexto de plausibilidad, a *dos* instancias metodológicas: la retroductiva (α_1-α_2) y la abductiva (α_2-α_3):

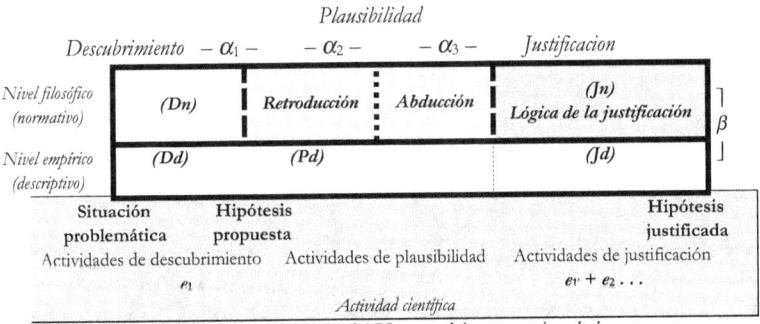

Fig. 2. *Revisión del 'segundo' Hanson del esquema heredado*

Tal como podemos apreciar en el esquema, considerada desde la instancia retroductiva, la base de distinción plausibilidad/justificación es ahora triple, ya que tiene en cuenta la *clase de evidencia*, la *clase de criterios*, y el *grado de generalidad de las hipótesis* evaluadas. Todas estas consideraciones hacen plausible afirmar que una caracterización metodológica que distinga al esquema de 'retroducción' de los diferentes esquemas justificacionistas es, además de posible, relevante para la comprensión de la dinámica de la ciencia.

Por último, en el punto 3 me he ocupado del problema de fundamentar a los criterios de inferencia de datos a hipótesis. A tal fin, he presentado al logicismo –por ser la teoría fundacionalista sustentada por la CMH–, y al psicologismo débil –por ser la teoría alternativa que considero más consistente y viable–, y he analizado la propuesta logicista de Hanson de fundamentar la estructura de la retroducción descansando en una estructura ya fundamentada. He señalado las debilidades de esa posición, y he indicado que se trata de una estrategia innecesaria, ya que una propuesta mejor puede ser aquella que –enfrentando la calificación de 'psicologismo', 'historicismo' y demás 'ismos'– intente una fundamentación de los criterios metodológicos a partir de la experiencia, 'naturalizando' la metodología normativa.

Como advertí, la metodología no debe ser puramente lógica. Pero tampoco debe ser totalmente empírica, porque tiene que cumplir un rol reconstructivo y epistémico. A mi entender, una metodología naturalista débil es la que cumple con estas condiciones. Por supuesto, el problema de determinar dentro de qué márgenes de formalismo y factualismo puede ser construido un modelo reconstructivo da lugar a polémicas doctrinales como las que presenté en el punto anterior.

Tal como se puede concluir de mi exposición, la retroducción no tiene fundamentación si por 'fundamentación' entendemos una prueba a partir de principios *a priori* y formales. Pero en ese caso nada lo tiene. La crítica que alude a la diferencia existente entre una descripción empírica de lo que es, y una explicación normativa de lo que debería ser, olvida simplemente el hecho más notable de la inteligencia situada: su evidente exhibición de éxitos y fracasos (ver Dewey [1920]).

Obsérvese que digo: de éxitos *y de fracasos*; subrayo la importancia de la información empírica más que el contenido de esa información. Estableciendo esa distinción, por el momento me planteo en una etapa anterior a la etapa goodmaniana de intentar fundamentar las reglas de inferencia por su autoregulación con el éxito inferencial. Aunque por supuesto esa el la línea argumentativa que se sigue del principio que estoy defendiendo, es importante distinguir los momentos de la misma.

La experiencia nos enseña *las consecuencias de las distintas maneras de pensar*, es decir, allí se muestran los efectos del método que adoptemos. El hecho de que una metodología funcione depende del mundo, no puede ser determinada por ningún tipo de análisis teórico. Una clara analogía puede extraerse del ajedrez. A partir de las reglas de este juego podemos deducir todas las jugadas legales del mismo. Pero la regla táctica que indica que conviene atacar al rey del oponente cuando se cuenta con una mayor movilidad *se extrae de la experiencia* en el juego; no puede ser derivada *a priori*.

El método de comprobar ideas en la práctica y de confiar en las que triunfen –y esto es lo que hace la fundamentación naturalista de la retroducción–, *no carece a su vez de fundamentación*. El éxito pasado de la inferencia retroductiva aumenta nuestra confianza en ella. El hecho de que una fundamentación es circular sólo significa que esa fundamentación no tiene el poder de servir como razón a menos que la persona a la que se dé esa razón ya tenga una propensión a aceptarla (cfr. Putnam [1974]). Tenemos una propensión a razonar 'retroductivamente' y el éxito de la retroducción aumenta esa propensión.

Como vimos, en la ciencia hay reglas permanentes, pero también hay reglas que cambian en los diferentes contextos científicos cuando la educación y la experiencia abren opciones para un futuro diferente. El hecho de que estas reglas no sean algorítmicas como quieren los logicistas, ni arbitrarias, como fatalmente admiten los relativistas, queda a cargo de los naturalistas y de su proyecto de fundamentación.

V

La metodología de la plausibilidad
en el proceso de investigación

Una teoría no es el producto instantáneo de una creación, sino el lento y progresivo resultado de una evolución.

Pierre Duhem

1. Introducción

En el capítulo precedente presenté las características y los problemas de la retroducción, y planteé cuales serían sus potenciales ventajas si ésta fuera una forma inferencial válida. He reservado este capítulo para considerar la propuesta de Hanson *dentro de un marco metodológico*, con el propósito de evaluar si la retroducción puede superar los problemas aludidos y contribuir así a la metodología de la investigación científica. (Aunque mi objetivo principal es el de exponer, perfeccionar y ejemplificar el pensamiento 'retroductivo' de Hanson, he tratado de mantener la propuesta abductiva de Peirce y de el 'primer' Hanson a fin de evaluar si puede ser conservada como un refinamiento metodológico útil).

Con este propósito, en el punto (2) reconstruyo algunos ejemplos a partir de las categorías hansonianas de 'hipótesis general' e 'hipótesis particular'. En el momento de elegir ejemplos para ilustrar la metodología que intento defender, surge la cuestión relativa a qué, y cuantos,

147

ejemplos exponer. Si nos remitimos a las obras de filósofos de la ciencia que proponen metodologías reconstructivas, veremos que la mayoría tiene un ejemplo preferido. Para Hanson, la primera ley de Kepler; para Lakatos, Copérnico y el sistema heliocéntrico; para Holton, Einstein y la teoría general de la relatividad. Considerando que la primera ley de Kepler –reconstrucción de la cual me he ocupado aquí– se trata de una *regularidad empírica*, optando por un criterio de variedad y de relevancia he decidido intentar la reconstrucción de el proceso de construcción de una *hipótesis auxiliar* (la hipótesis sobre la existencia de Neptuno propuesta de modo independiente por Adams en Inglaterra y por Leverrier en Francia) y de un *sistema de leyes con términos teóricos* (la hipótesis de la estructura del ADN de Watson y Crick).

En el punto (3), continuando con la argumentación iniciada en el capítulo (III), defiendo que la metodología de la plausibilidad tiene credenciales epistémicas propias, sosteniendo que la retroducción, a pesar de ser parte de un *continuum* evaluativo, conforma un esquema inferencial autónomo, diferente del de justificación. En el mismo punto, hago algunas observaciones relativas a las relaciones de la retroducción con la abducción de Peirce, introduciendo la figura de que la retroducción retrata el primer estadio de evaluación, estadio en el que se decide una línea de investigación, en tanto que la abducción retrata a las hipótesis altamente desarrolladas que se dan a conocer en comunicaciones científicas.

Por último, en el punto (4) definiendo el rol de la retroducción en una metodología de la investigación, y señalo su posible articulación con las metodologías justificacionistas.

2. La plausibilidad y el proceso metodológico

En el capítulo anterior dejé planteado el problema acerca de si es posible distinguir entre razones de plausibilidad de hipótesis generales y razones de justificación de hipótesis particulares, y de si el esquema de plausibilidad que ofrece Hanson para hipótesis generales es diferente del esquema que ofrece Peirce (y él mismo en una versión temprana) para las hipótesis particulares. A fin de abordar estas cuestiones, haré una breve presentación de algunos ejemplos históricos atendiendo a las categorías analíticas 'hipótesis general' e 'hipótesis particular'.

Para mi exposición presupondré que los procesos de construcción de una hipótesis pueden retratarse metodológicamente mediante el siguiente esquema, quizá un tanto artificial, pero expositivamente útil.

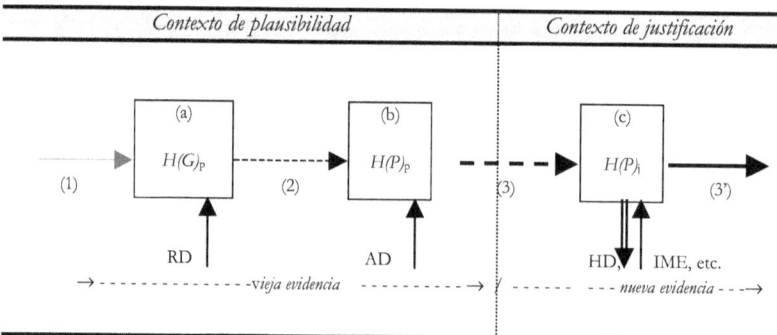

Fig. 1. *El contexto de plausibilidad en el continuum metodológico*

Allí, designaré a una estructura cognitiva con la expresión 'hipótesis *general*' ('H(G)') cuando ésta sea considerada por primera vez *sobre bases racionales*, y con la expresión 'hipótesis *particular*' ('H(P)') cuando ésta alcance un grado de desarrollo y precisión tal que permita extraer de ella predicciones precisas. Por su parte, con 'H(P)$_j$' designaré a la hipótesis particular desplegada y ponderada en el contexto de justificación. La línea de puntos vertical que divide los contextos de plausibilidad y de justificación, y la línea de puntos horizontal que representa el cambio de la vieja a la nueva evidencia, pretenden reflejar el carácter gradual de ambas transiciones.

En el esquema, (a), (b) y (c) representan instancias inferenciales:

149

a) la inferencia de datos a hipótesis que permite juzgar la *plausibilidad* de una hipótesis *general*; es decir, la *retroducción* de Hanson (de aquí en más, 'RD');

b) la inferencia de datos a hipótesis que permite juzgar la *plausibilidad* de una hipótesis *particular*; es decir, la *abducción* de Peirce (y el 'primer' Hanson) (de aquí en adelante, 'AD'), y

c) el complejo deducción/ inducción consecuencialista que permite juzgar la *justificación* de una hipótesis *particular*, el cuál corresponde a los diferentes programas justificacionistas (en este caso, el de 'IME', el 'HD', etcétera).

Observemos que *todas* estas instancias son *inferenciales*; es decir, de ponderación, análisis, evaluación, juicio, crítica, etc., de una hipótesis *ya generada*, aunque en diferentes estadios de su desarrollo.

Una diferencia importante a subrayar entre las instancias de plausibilidad y la de justificación es que las instancias de plausibilidad (a y b) están sustentadas en la evidencia disponible *antes* del testeo, en tanto que la instancia de justificación (c) incorpora en sus juicios evidencia nueva o variada, según los criterios que incorpore la metodología justificacionista de que se trate.

Por su parte (1) y (2) señalan instancias *heurísticas* o *inventivas*; (1) las actividades de generación original –como hipótesis *científica*– de una hipótesis *general*, y (2) las actividades constructivas *dentro* del ámbito demarcado por la hipótesis general. (Recordemos que para las metodologías justificacionistas *todas* las actividades anteriores a las de justificación se deben a «azar», «genio» o «creatividad», por lo cual no trazan esta distinción metodológica). Por último, (3) representa las actividades de deducción de enunciados observacionales significativos, de determinación del apoyo empírico que éstos ofrecen a las hipótesis de las cuales son deducidos, de diseño de experimentos cruciales, etcétera; es decir, los distintos medios con los que se continua construyendo la teoría en el contexto de justificación. (Aunque según las metodologías heredadas esta tarea es 'mecánica' o 'quasi-mecánica', puede requerir considerable trabajo creativo). Como extensión de la instancia (3), (3') simboliza que esta clase de actividades generalmente no tiene un final preciso o determinado[57]. (En el esquema, los diferentes trazos de las flechas hori-

---

57. La falta de una adecuada teoría de la justificación obliga a decidir la aceptación de hipótesis empíricamente confirmadas sobre la base de juicios de valor; es decir, mediante la aplicación de criterios no-empíricos. Cfr., por ejemplo, Rudner ([1954]:32-3): «el científico hace juicios de valor. Dado que ninguna hipótesis científica puede ser completamente verificada, al aceptar una hipótesis sobre la base de la evidencia el científico debe decidir si la evidencia es *suficientemente* fuerte, o la probabilidad de la hipótesis *suficientemente* alta, como para garantizar la aceptación».

Quizá sea oportuno hacer una aclaración en relación a este tema. A lo largo del trabajo, me he referido a la CMH como preocupándose por la 'justificación', 'confirmación', 'prueba', etc. Estos términos, por supuesto, son utilizados por los autores de esta concepción –o por cualquier autor contemporáneo– en un sentido falibilista; es decir, contemplando que *no* se está afirmando *taxativamente* o estableciendo *definitivamente* la aceptación de la hipótesis evaluada. Al respecto, cfr. el siguiente párrafo de Braithwaite (1953:14): «la evidencia empírica de sus instancias nunca prueba [una] hipótesis: en circunstancias adecuadas podemos decir que *establece* la hipótesis, significando con esto que la evidencia hace razonable aceptar la hipótesis; pero nunca *prueba* la hipótesis en el sentido que la hipótesis es una consecuencia lógica de la evidencia» (itálicas en el original).

Debido a que no pueden establecerse condiciones lógicas para un testeo ideal, en el proceso de justificación se hacen juicios de valor. Pragmáticos –estimando el costo en dinero, tiempo, etc., que demandaría una mayor experimentación–; éticos –estimando el riesgo de vidas humanas que ocasionaría un eventual fracaso (de la tecnología aplicada a partir) de determinada hipótesis cuyas primeras pruebas muestran efectiva–; quizá académicos –seguramente en más de una ocasión, ante un resultado experimental ambiguo un científico ha de haberse debatido entre la gloria de la prioridad y el deshonor del fracaso público; pero también epistémicos. La finalidad de este trabajo es la de analizar los juicios de valor que se realizan en los procesos de *plausibilidad*.

zontales indican los distintos niveles de 'creatividad' involucrados en cada una de estas instancias).

A continuación, presentaré reconstrucciones de algunos ejemplos de descubrimiento científico sobre la base de las categorías aquí definidas.

2.1. Leverrier, Adams, y Neptuno58

Años después de que con su telescopio William Herschel detectara a Urano, los movimientos de este planeta se mostraron irreconciliables con la teoría planetaria newtoniana. A fin de explicar sus anomalías, Leverrier propuso que su órbita era perturbada por la presencia de un planeta exterior a los siete conocidos. Podemos definir a esta hipótesis de trabajo como la *hipótesis general P(G)*:

> P(G): Existe un 'planeta oculto' que con la fuerza de su atracción hace que Urano se desvíe de su órbita prevista (Leverrier, «Primer Informe», 10/11/1845).

Leverrier consideró a *P(G) dentro* del sistema newtoniano, y ponderó que así como Júpiter es perturbado por Saturno, Mercurio por Venus o la Tierra por Marte, Urano podría ser perturbado por un planeta oculto. *Si* tal planeta existiera, razonó Leverrier, su atracción daría una buena explicación de las anomalías observadas en la órbita de Urano.

Más tarde, trabajando sobre la hipótesis general del planeta oculto, Leverrier calculó la masa y demás elementos astronómicos del supuesto «planeta perturbador», y envió sus datos al astrónomo alemán Galle a fin de que éste comprobara sus predicciones. Podemos definir a esta hipótesis detallada como la *hipótesis particular P(N)*:

---

58. Para referencia bibliográfica y una presentación mucho más extendida de este ejemplo, cfr. Menna (2000).

P(N): Los elementos astronómicos del 'planeta oculto' son... (Leverrier, «Tercer Informe», 31/08/1846).

Poco después (23/10/1846), *observaciones* guiadas por las derivaciones teóricas de *P(N)* permitieron detectar un nuevo planeta, el cual fue denominado 'Neptuno'. *Esta* fue la razón que llevo a la comunidad astronómica a aceptar de modo unánime la hipótesis de Leverrier, *P(N)*ⱼ. (Es importante señalar que mientras que Herschel descubrió un *cuerpo celeste*, Leverrier 'descubre' una *hipótesis* que posteriormente conduce al hallazgo de un planeta. Herschel detectó un objeto brillante y lo identificó como un planeta, pero Leverrier no utilizó un telescopio: infirió la existencia de un cuerpo desconocido y calculó su posición *sobre bases puramente teóricas*).

El descubrimiento de Neptuno resulta ser un ejemplo expositivo ideal para ilustrar la metodología de la plausibilidad, ya que se trata de un caso de descubrimiento *simultáneo*, y por lo tanto de una muestra de la existencia subyacente de una *metodología compartida* (al menos, por la comunidad astronómica newtoniana). El juicio retroductivo de Leverrier coincidió con el John C. Adams, estudiante de matemáticas de Cambridge, quien años antes también consideró la misma hipótesis general con los *mismos* criterios evaluativos. En su diario, Adams escribió el siguiente *memorándum,* en el cual formula todo un programa de investigación:

> «He decidido investigar, apenas finalice mi graduación, las irregularidades inexplicables en el movimiento de Urano. Mi propósito es averiguar *si pueden ser atribuidas a la acción de un planeta desconocido* [*P(G)*], y *si es posible determinar de modo aproximado los elementos de su órbita* [*P(N)*], los cuales probablemente podrán conducir a su descubrimiento» (Adams, *Diario*, 03/07/1841; las itálicas son mías).

Observemos que aquí Adams distingue entre lo que yo denominé 'hipótesis general' o 'hipótesis de trabajo' (y que en la cita he designado con la expresión *P(G)*), y su posterior formulación como una 'hipótesis particular', la hipótesis que posteriormente se testeará en el contexto de justificación, *P(N)*. En el caso de Adams, la hipótesis particular fue formulada cuatro años después de la hipótesis general:

> «De acuerdo a mis cálculos, las irregularidades observadas en el movimiento de Urano pueden ser explicadas suponiendo la existencia de un planeta exterior, *cuya masa y órbita son las que siguen: ...*» (Carta del 21/10/1845; el subrayado es mío).

Es importante señalar que la hipótesis del planeta oculto era conocida desde *antes* que Leverrier y Adams la formularan[59]. Del mismo modo, eran conocidas otras hipótesis explicativas (generales) *rivales* (presento solamente a las principales):

> *–La hipótesis 'del aire desconocido'*. Las perturbaciones observadas se deben a la resistencia de algún aire desconocido.
> *–La hipótesis 'de la fuerza desconocida'*. Existe otra clase de fuerza – además de la gravitacional– actuando sobre Urano.
> *–La hipótesis 'anti-newtoniana'*. La ley de la gravitación puede diferir dada la enorme distancia que separa a Urano del Sol.
> *–La hipótesis 'de los errores observacionales'*. Las observaciones que revelan anomalías en la órbita de Urano son inexactas.

A fin de averiguar si las anomalías de Urano pueden ser atribuidas a la acción de un planeta desconocido, Adams y Leverrier argumentaron

---

59. De hecho, la *idea* de que pueden existir más planetas que los conocidos, o que puede haber infinitos mundos, pertenecía a la astronomía y la cosmología desde tiempos inmemoriales. Ya dentro de la comunidad newtoniana, en 1758 Clairaut usa la hipótesis de «un planeta aun no percibido» para explicar las perturbaciones del *cometa* Halley. Entre 1835 y 1840 muchos astrónomos –ya respecto de Urano– hacen consideraciones similares a las de Adams y Leverrer. Hussey, por ejemplo, sostiene la existencia de un «planeta aún no visto»; Wartmann defiende que existe un «nuevo planeta», y Bouvard afirma la hipótesis de un «planeta invisible».

contra las hipótesis rivales conocidas y a favor de la hipótesis del planeta invisible, utilizando lo que yo considero son *criterios o principios de plausibilidad.*

- Respecto de las primeras dos hipótesis, apelaron a un *criterio de simplicidad* como el de 'homogeneidad', indicando, además, que esta clase de elementos —es decir, aire o fuerzas extrañas— no había sido percibida en ningún otro lugar del Sistema Solar.

- Respecto a la hipótesis 'anti-newtoniana', indicaron que ésta contradecía un *criterio de simplicidad* como el 'principio de 'uniformidad', el cual en ese caso siempre había funcionado.

- Con relación a la hipótesis que sostenía que las observaciones que revelan la existencia de anomalías eran «incorrectas», Adams y Leverrier ratificaron la corrección de las observaciones de Urano. Leverrier, por ejemplo, afirmó que hay una «incompatibilidad formal» entre esas observaciones y las predicciones teóricas de la teoría newtoniana.

- Con relación a la hipótesis del 'planeta oculto', ambos autores señalaron que ésta satisfacía dos criterios muy importantes:

  - el de *simplicidad* (homogeneidad, uniformidad), y

  - el de *analogía*, ya que se podía decir que así como Júpiter es perturbado por Saturno, o Mercurio es perturbado por Venus, Urano podía ser perturbado por un planeta aún desconocido.

- Adams indicó, además, que la zona aproximada en la que se podría encontrar el nuevo planeta no había sido explorada, razón por la cual era más razonable revisar la hipótesis auxiliar que afirmaba que existen sólo 7 planetas, que la teoría newtoniana.

Si introducimos estas consideraciones dentro del esquema retroductivo, tendremos la siguiente regla de plausibilidad:

–Anomalías de Urano (*fenómeno problemático*)
–Hasta el momento la teoría newtoniana se ha mostrado exitosa (los planetas conocidos se perturban entre sí) (*conocimiento básico*)
–La hipótesis auxiliar que afirma la existencia de sólo siete planetas es revisable (*conocimiento básico*)
–*P(G)* y demás hipótesis rivales (*hipótesis explicativas dadas*)
–(La hipótesis general *P(G)* explica el fenómeno problemático mejor que las hipótesis rivales disponibles)

–(Tenemos buenas razones para) adoptar tentativamente a la hipótesis general del planeta oculto como una *hipótesis de trabajo plausible* y *trabajar sobre ella en primer lugar*

Tal como indiqué en el capítulo (II), había agregado que se trataba de hipótesis rivales *dadas* para evitar en la presentación el problema del *origen* de las hipótesis. Evidentemente, la inferencia de datos a hipótesis no podría *generar* a una hipótesis (desarrollada o de trabajo), al menos, en el sentido de que su aplicación *explícita* a la evidencia problemática posibilite *producir* una hipótesis. De todos modos, esta concepción del *continuum* de investigación sí cambia la comprensión del fenómeno creativo, ya que nos permite dar una reconstrucción racional de ejemplos reales más amplia que la que ofrece la concepción heredada.

Pasemos, para terminar, a la conclusión del esquema retroductivo. Allí, la línea continua nos dice que, dadas las premisas, podemos

adoptar tentativamente a la hipótesis de trabajo como una hipótesis *plausible*, y trabajar sobre ella *en primer lugar*

Quiero subrayar las expresiones 'adoptar tentativamente' y 'trabajar sobre ella *en primer lugar*'. Estas expresiones nos indican que la adopción dictada por el juicio retroductivo es *provisoria*, y que sólo sugiere un ordenamiento de plausibilidad; es decir: que la retroducción da indicacio-

156

nes sobre qué línea de investigación comenzar, no especificaciones para tomar un rumbo y bloquear las líneas de investigación alternativas. Recordemos que una de las máximas plausibilistas de Peirce era «no bloquear el camino de la investigación».

En el ejemplo que hemos visto, Adams y Leverrier no dicen que no existan otras hipótesis *posibles* (ellos sólo analizaron las hipótesis rivales *disponibles*). Tampoco afirman que las hipótesis rivales deban ser rechazadas, sino que éstas no son *tan* plausibles como la que ellos defienden. Leverrier, por ejemplo, consideraba a la hipótesis anti-newtoniana como «el último recurso» a investigar si su hipótesis fracasaba, no como un 'recurso' que no puede ser investigado.

Lo que la metodología de la plausibilidad nos dice aquí es que Leverrier, *dada la información disponible en aquel momento*, actuó de modo racional al comenzar a trabajar sobre esa hipótesis y, como veremos a continuación, que también actuó de modo racional al comenzar a trabajar sobre otras hipótesis cuando la hipótesis del planeta oculto no funcionó para el caso de Mercurio. Esto también revela que un método no es un algoritmo que puede ser aplicado mecánicamente, sino un conjunto de especificaciones útiles (a falta de otra cosa) para la toma de decisión.

En la metodología de la plausibilidad sólo hay adopción provisoria, porque el supuesto filosófico subyacente a este programa filosófico es el *falibilismo*. Es decir, la convicción de que no existe conocimiento infalible, y que lo único que tenemos es la búsqueda comunitaria –y sin fin– de la verdad.

El caso del descubrimiento de Neptuno deja abiertas las puertas para presentar un caso de 'descubrimiento' muy relacionado al mismo: el de 'el descubrimiento de Vulcano'.

Años después del descubrimiento de Neptuno, se detectaron en Mercurio anomalías orbitales *similares* a las que había presentado Urano. Leverrier consideró que en este caso era plausible proponer la *misma* hipótesis general que en el ejemplo anterior; es decir, *P(G)*: el movimiento irregular de Mercurio se debe a las perturbaciones que ejerce sobre él la existencia de otro planeta oculto. Las razones analógicas derivadas del éxito de la hipótesis *P(G)* con Neptuno, sumadas a las razones explicativas ya mencionadas respecto a Urano, eran excelentes razones para conferir plausibilidad a la hipótesis general propuesta. Incluso, Leverrier podía mencionar a su propia autoridad como una razonable razón de plausibilidad adicional, ya que no es lo mismo una hipótesis propuesta por un sabio que una hipótesis propuesta por un lego o un loco. De este modo, Leverrier, con el apoyo de la comunidad científica de su época, trabajó arduamente *sobre P(G)* a fin de calcular –en base a los datos astronómicos de Mercurio– órbita, masa, etc., del nuevo planeta desconocido, *P(V)*. La confianza de Leverrier en esta hipótesis fue tal que llegó a bautizar al «nuevo planeta» con el nombre de 'Vulcano'. En esta oportunidad, sin embargo, las observaciones guiadas por las predicciones teóricas *no* permitieron localizar ningún cuerpo celeste, razón por la cual después de varios años de rutinaria búsqueda infructuosa la hipótesis sobre Vulcano fue definitivamente abandonada.

Tal como podemos observar, la confrontación de lo acontecido con Neptuno y con Vulcano muestra una clara distinción entre una hipótesis general y una hipótesis particular, ya que en ambos casos se propuso la *misma* hipótesis general –la hipótesis del planeta oculto– para dos hipótesis particulares *diferentes*, una formulada para trazar la órbita de Neptuno y predecir su posición, *P(N)*, y otra formulada para trazar la órbita de Vulcano y predecir la posición de este planeta, *P(V)*.

Ambos ejemplos exhiben claramente que en ocasiones los criterios no-empíricos pueden funcionar como criterios de plausibilidad pero *no ser suficientes* como criterios de justificación. En el caso de Neptuno existía la expectativa *racional* de localizar un nuevo planeta, pero nadie aceptó a *P(N)* hasta tanto el planeta que esta hipótesis postulaba fue *efectivamente* observado. En el caso de Vulcano la expectativa era incluso mayor (pues había sido propuesta por el entonces exitoso Leverrier –sólo más tarde se supo que 'el sabio de Neptuno' resultó ser 'el visionario de Vulcano'), pero tampoco nadie aceptó *P(V)* porque Vulcano no fue *efectivamente* observado. Aquí, tanto el proceso del descubrimiento *falso* de *P(V)* como el proceso de descubrimiento *real* de *P(N)* nos muestran que las razones de plausibilidad y de justificación son diferentes.

2.2. Watson y Crick y el ADN

En abril de 1953, J.D. Watson y F.H. Crick publican en la revista *Nature* un artículo en el que proponen una estructura para la sal del ácido de-soxirribonucleico o 'ADN'. Este muy breve artículo comienza con la palabra clave de la propuesta plausibilista que intento defender en esta tesis: '*sugerir*':

> «Deseamos *sugerir* una estructura para la sal del ácido desoxirri-bonucleico (ADN). Esta estructura tiene nuevas características que son de considerable interés biológico» (1953:737; el subraya-do es mío).

La estructura del artículo responde a la del esquema metodológico que estoy presentando. Luego de esa frase inicial, los autores presentan a las hipótesis rivales existentes:

> «Una estructura para el ácido nucleico ya ha sido propuesta por Pauling y Corey. ...Su modelo consiste de tres cadenas entrelaza-das. ...Otra estructura de tres cadenas ha sido sugerida por Fra-ser» (1953:737).

La primera de estas hipótesis, según Watson y Crick, era «insatisfacto-ria» porque violaba resultados de investigaciones previas; la segunda, de acuerdo a estos autores, «estaba mal definida»; en otras palabras: ambas hipótesis *no eran plausibles*.

A continuación, señalando que buscaron construir un modelo que estu-viera en conformidad con las leyes de la química y los datos conocidos,

Watson y Crick enuncian la hipótesis (particular) sobre la estructura del ácido desoxirribonucleico, *ADN(P)*:

> *ADN(P)*: «Deseamos proponer una estructura radicalmente diferente para la sal del ácido desoxirribonucleico. *Esta estructura tiene dos cadenas helicoidales, cada una de ellas enrollada sobre el mismo eje*» (1953:737).

A fin de exponer con más detalle el camino que los condujo a proponer su hipótesis, es de utilidad comentar el relato autobiográfico de James Watson, *The Double Helix* ([1968]), en el que este autor dejó una clara constancia del trabajo intelectual que le permitió a él y a su compañero resolver el «misterio del ADN».

Varios meses antes de proponer la hipótesis sobre el ADN, investigando la molécula del virus del mosaico del tabaco (VMT), Watson entendió que existía evidencia para sugerir que ésta tenía estructura helicoidal (cfr. [1968]:XVI-XVIII):

> «Por fortuna, bastaban sólo unos conocimientos muy superficiales para ver por qué la fotografía con rayos X del VMT *sugería* una hélice con una vuelta cada 23 Å a lo largo del eje helicoidal. ...Francis [Crick] no se mostraba muy entusiasta, y durante los días siguientes mantuvo que *la evidencia en favor de una hélice de VMT no pasaba de ser mediana*. Mi confianza se derrumbó, hasta que di con una razón indudable de por qué las subunidades debían disponerse helicoidalmente. En un momento de aburrimiento, después de comer, leí ...una ingeniosa publicación del teórico F.C. Frank sobre cómo crecen los cristales. ...Frank [observó] que ...los cristales no eran regulares como se sospechaba, sino que contenían dislocaciones que conformaban acogedoras esquinas en las que podían encajarse nuevas moléculas.
>
> Varios días después, mientras me dirigía en autobús a Oxford, se me ocurrió la idea de que *cada partícula de VMT debía ser considerada como un pequeño cristal creciendo como otros cristales mediante acogedoras*

esquinas. Y, aun más importante, que la forma más sencilla de que dichas esquinas se produjeran era disponer las subunidades en una estructura helicoidal. La idea era tan sencilla que tenía que ser verdadera. *Todas las escaleras de caracol que vi aquel fin de semana en Oxford me hicieron confiar en que otras estructuras biológicas tendrían también una simetría helicoidal...*

Maurice [Wilkins] no tenía la menor duda de que muy pronto yo demostraría mediante fotografías con rayos X que el VMT poseía una estructura helicoidal. Este éxito inesperado vino como consecuencia de utilizar un poderoso tubo anódico rotatorio de rayos X que acababa de ser construido en el Cavendish. Este supertubo me permitió tomar fotografías a una velocidad veinte veces mayor que con el equipo convencional» ([1968]:73-9; el subrayado es mío).

Este largo párrafo en el que se narra el descubrimiento de la estructura del VMT tiene muchos elementos importantes para ayudar a caracterizar la estructura de la práctica científica; incluso, observaciones sobre el rol del desarrollo tecnológico en el progreso de la ciencia. Aquí me interesa rescatar otros elementos: la diferencia de razones para sugerir de razones para demostrar basada en la diferencia de evidencia; el rol de criterios no-empíricos como el de simplicidad para afirmar la plausibilidad de la hipótesis sobre la estructura de la molécula del VMT («La idea era tan sencilla que tenía que ser verdadera»), y, fundamentalmente, la observación analógica de Watson respecto a su confianza en que «otras estructuras biológicas tendrían también una simetría helicoidal», observación posteriormente fundamental para conferir plausibilidad a la hipótesis sobre la estructura del ADN.

Veamos ahora las razones de plausibilidad ponderadas por Watson y Crick para proponer su hipótesis (general) sobre la estructura de la molécula de ADN, *ADN(G)*:

ADN(G): la molécula de ADN tiene estructura helicoidal (Watson y Crick 1951-2)

161

Watson, Crick, y demás colegas de su laboratorio sabían que la molécula de ADN era de estructura cristalina, y que uno de sus principales constituyentes químicos era un tipo particular de ácido nucleico, *también* contenido por el VMT (cfr. Watson [1968]:106). En base a estos datos, Watson pudo razonar analógicamente que la hipótesis general *ADN(G)* era *plausible*. Por otro lado, considerando que los cristales tienen una estructura regular, y que la forma más simple de una molécula regular es una hélice (cfr. [1968]:106), Watson estimó que el criterio de simplicidad otorgaba aún mayor plausibilidad a *ADN(G)*[60].

–Estructura desconocida de la molécula de ADN (*situación problemática*)

–El ADN cristaliza, y uno de sus constituyentes químicos principales es un tipo de ácido nucleico (*dato de rayos-X*)

–Los cristales tienen una estructura regular (*conocimiento básico*)

–La molécula de ADN tiene el mismo tipo de ácido nucleico que la molécula del VMT (*afirmación analógica*)

–La forma más simple de una molécula regular es una hélice (*afirmación de simplicidad*)

–La molécula del VMT tiene estructura helicoidal (*resultado de investigación previa de Watson*)

–*ADN(G)* e hipótesis rivales (*hipótesis explicativas dadas*)

–(*ADN(G)* explica el fenómeno problemático mejor que las hipótesis rivales disponibles)

–(Tenemos buenas razones para sugerir que) *ADN(G)* es *plausible*

En este ejemplo puede apreciarse con claridad de qué modo la confluencia de criterios no-empíricos de diferentes clases –en este caso, de analogía y de simplicidad– aumenta la plausibilidad de la hipótesis inferida. Es importante observar que el mismo Watson pondera a los criterios de analogía y simplicidad como valiosos para determinar la plausibi-

---

60. «Habría sido una estupidez preocuparse buscando estructuras complejas antes de excluir la posibilidad de que la solución fuera sencilla» ([1968]:28-9).

lidad de la hipótesis propuesta. Cfr., por ejemplo: «todas las escaleras de caracol que vi aquel fin de semana en Oxford me hicieron confiar en que otras estructuras biológicas tendrían también una simetría helicoidal» ([1968]:73), y: «una estructura tan bonita tenía, por fuerza, que existir» ([1968]:133). Fueron estas consideraciones las que llevaron a desarrollar a *ADN(G)* y posibilitaron su posterior formulación particular, *ADN(P)*.

En su versión autobiográfica del proceso constructivo de la hipótesis que nos ocupa, *What Mad Pursuit* ([1988]), Francis Crick caracteriza el *continuum* de investigación atendiendo a sus etapas plausibilistas:

> «La estructura en doble hélice del ADN sólo fue *definitivamente confirmada* a principios de los años ochenta. Tuvieron que transcurrir veinte años para que nuestro modelo de ADN pasara de ser *plausible* a ser *muy plausible* (a causa del trabajo detallado sobre fibras de ADN), y de allí a ser *prácticamente correcto*. Incluso entonces sólo fue correcto en términos generales, no en detalles concretos. Obviamente, quedó firmemente establecido el hecho de que las bases de la secuencia eran complementarias (la clave de su función) y que las dos cadenas corrían en direcciones opuestas bastante antes, por los trabajos químicos y bioquímicos sobre secuencias de ADN» (Crick [1988]:89; el subrayado es mío).

Todas estas observaciones de los propios protagonistas, pueden confrontarse con interpretaciones clásicas de este descubrimiento (en este caso, hipotético-deductivas), tales como la siguiente:

«Watson y Crick confiaron fuertemente en inspiración, iteración y visualización. Aunque eran brillantes bioquímicos, no tenían precedentes a partir de los cuales poder derivar lógicamente su estructura y, por lo tanto, confiaron en el pensamiento [no-lógico]» (Adams 1979:60-1).

Tal como acabamos de ver en las citas de Crick y Watson, las afirmaciones de esta clase son insostenibles. Estos científicos no confiaron ciegamente en la inspiración o la visualización, sino más bien en el razonamiento plausible. Watson, por ejemplo, señala explícitamente haber sostenido su confianza inicial en la primera formulación de la hipótesis del ADN sobre los criterios de analogía y simplicidad y, ciertamente, si éstos no son parte de una lógica (deductiva), no son parte de un pensamiento no-lógico[61]. En lo que respecta a la ausencia de 'precedentes' a la que hace referencia Adams, basta recordar que Crick y Watson, en el artículo de 1953 citado, indican explícitamente que buscaron construir un modelo que estuviera en «*conformidad*» con las leyes de la química y los datos conocidos.

Por último, y a fin de subrayar la distinción entre clases de criterios y la distinción entre clases de evidencia, observemos que en el artículo en que proponían a *ADN(P)*, Watson y Crick señalaban la necesidad de un riguroso testeo experimental para que su propuesta sea aceptada por la comunidad científica.

«Los datos de Rayos-X previamente publicados sobre el ADN son *insuficientes para un riguroso test de nuestra estructura*. En la medida que podemos entender, ésta es a grandes rasgos compatible con los datos experimentales, *pero debe ser considerada no probada hasta*

---

61. Al hacer referencia a la 'inspiración' de Watson y Crick, Adams no traza una distinción entre procesos de invención y procesos de evaluación preliminar. McLaughlin (1982), quien realiza un análisis similar al que presento aquí, entiende que la analogía puede ser utilizada para *dirigir* la investigación que conduce a este descubrimiento. Yo no pretendo negar esta posibilidad, pero sí afirmar que los procesos de invención y de evaluación preliminar pueden ser analizados de modo independiente. De cualquier manera, es importante observar que Watson, a diferencia de la interpretación de McLaughlin, pondera a los criterios de analogía y simplicidad como valiosos para determinar la plausibilidad de las hipótesis *después* de su invención.

que sea chequeada contra resultados más exactos» (1953:737; el subrayado es mío)[62].

'Compatibilidad con datos existentes'; 'necesidad de prueba con datos más adecuados'; 'adopción provisoria de la propuesta'... ¿Se requiere de algún otro ejemplo más explícito de nuestro esquema plausibilista interpretativo?

Antes de finalizar este apartado, quisiera detenerme en la siguiente frase de Watson, la cual, según entiendo, refleja en gran medida la naturaleza de la metodología que pretendo defender aquí:

> «Creo que existe una ignorancia general acerca de cómo se "hace" ciencia. Esto no quiere decir que todo proceso científico se desarrolla del modo que aquí se describe. No es este el caso, ni mucho menos, pues los *estilos* de investigación científica varían casi tanto como las personalidades humanas. Pero, por otra parte, *no creo que la forma en que se descubrió la estructura del ADN constituya una extraña excepción...*» ([1968]:x; el subrayado es mío).

En otras palabras: como ya dije antes, la retroducción no se propone como un esquema infalible ni como un esquema universal, pero exhibe un patrón que retrata un estilo habitual en que se "hace" ciencia.

3. ¿Son las razones de plausibilidad de hipótesis generales diferentes de las razones de justificación de hipótesis particulares?

A lo largo de este trabajo he presentado con relativo detalle tres ejemplos atendiendo a las categorías de 'hipótesis general', 'hipótesis parti-

---

62. Cfr., también: «*el siguiente paso científico era comprobar con rigor* los datos experimentales de los rayos X con la pauta de difracción que predecía nuestro modelo» (Watson [1968]:135-6; el subrayado es mío).

cular' e 'hipótesis particular justificada'. El primero de ellos –el de la órbita elíptica de Marte– fue una exposición de la presentación que del mismo hizo Hanson; los dos restantes me pertenecen.

La reconstrucción ofrecida en cada caso supone tanto un *continuum* en el desarrollo de un sistema teórico explicativo como la posibilidad de diferenciar estadios en el mismo. Tal como consigné en el punto anterior, aunque debido a su naturaleza evolutiva sus límites no son claros, las diferencias que existen entre algunos estadios de un sistema explicativo en evolución son marcadas, y en muchos casos podemos contar con elementos a fin de delimitarlos. Tal como se puede observar en las breves cronologías expuestas, un importante criterio externo (consensualmente valorado) como las referencias dadas por los propios 'descubridores' en sus diarios, publicaciones y comunicaciones, avala las distinciones establecidas. En su *Astronomia nova*, por ejemplo, Kepler dejó constancia de la diferencia presente entre la hipótesis que postula la existencia de una regularidad en la órbita de Marte y la hipótesis que informa exitosamente acerca de la clase de regularidad de que se trata. Por su parte, el «Primer Informe» y el «Tercer Informe» de Leverrier permiten contrastar la notable diferencia que existe entre la hipótesis que plantea la existencia de un planeta perturbador y la hipótesis que permite predecir con precisión la posición en que éste puede ser encontrado. Del mismo modo, en el relato autobiográfico de Watson puede distinguirse claramente la idea general de que la molécula del ADN es helicoidal, de su formulación más precisa de casi dos años después, en el artículo conjunto con Crick. Esta distinción también puede apreciarse en el caso de la teoría de la gravitación universal, cuya formulación general –como vimos en el capítulo anterior– fue propuesta por Newton en 1665 y su formulación particular en 1687.

Evidentemente, la existencia de un *continuum* entre las diferentes categorías señaladas impide demarcarlas con facilidad. En ocasiones, no es el mismo autor el que da inicio a una línea de investigación (cfr. el ejemplo de Snell del capítulo IV.2). En ocasiones, a lo largo de su trabajo un mismo autor hace formulaciones levemente diferentes de la hipótesis sobre la que está trabajando. De hecho, en el caso de Leverrier bien se podría haber tomado como parámetro externo para caracterizar a la hipótesis general del planeta oculto a la fecha de publicación del «Segundo Informe» (01/01/1846), texto en el que este autor describe las heurísticas a seguir a fin de calcular la posición del planeta buscado. Toda reconstrucción microscópica de un evento científico muestra que preguntas como '¿quién es el autor de una idea?' o '¿cuándo comienza un descubrimiento?' no encuentran una respuesta rápida, clara o precisa. Ésta es, posiblemente, la principal razón que dificulta a los historiadores de la ciencia la tarea de asignar autoría a los descubrimientos. Pero esta clase de problemas surge en todo intento de caracterizar procesos. Lo importante para el análisis del proceso que nos ocupa es que más allá de estas posibles 'arbitrariedades' existen *diferencias inferenciales* en algunos puntos del espectro evolutivo de una estructura cognitiva. La tarea, entonces, más que en caracterizar y demarcar estadios con claridad, se centra en decidir si estos estadios son evaluados racionalmente por los científicos, si estas evaluaciones pueden ser reconstruidas metodológicamente, y si existe una diferencia metodológica entre estas evaluaciones; es decir, en determinar si existen razones de plausibilidad y en diferenciarlas de las razones de justificación.

Creo que el esquema retroductivo defendido y ejemplificado en los últimos capítulos exhibe claramente que las diferencias inferenciales entre la metodología de la plausibilidad y la metodología de la justificación son marcadas. El esquema retroductivo, como vimos, puede incorporar criterios de analogía, de simetría, de autoridad, y otros criterios no-empíricos como estos. En contraposición, los esquemas justificacionistas descansan en razones empíricas como los 'intentos falsadores', el 'testeo exitoso de nuevos datos', los 'experimentos cruciales', etcétera. El razonamiento retroductivo, por este motivo, acontece claramente *antes* de cualquier consideración realizada en el contexto de justificación, ya que la hipótesis general en cuestión se evalúa sin recurrir a ninguna otra clase de evidencia que la disponible en el contexto del problema.

El principal objetivo de este punto fue el de evaluar la propuesta retroductiva de Hanson. Las apreciaciones realizadas arriba respecto a la distinción entre razones para sugerir hipótesis (generales) y razones para aceptar hipótesis (particulares) tuvieron ese propósito.

En la FIG. 1 del punto (2), sin embargo, he intentado preservar la propuesta AD de Peirce y del primer Hanson a fin de determinar si puede ser considerada como un refinamiento útil para el contexto de plausibilidad. Con esta finalidad, analizaré ahora la relación entre estos dos esquemas inferenciales a partir del caso de Neptuno.

En (2.1) presenté las *razones* (retroductivas) que permiten inferir la hipótesis general del planeta oculto. ¿La enunciación *particular* de esta hipótesis, tiene una plausibilidad diferente? ¿Existe en la práctica científica real una instancia evaluativa como la AD? Para responder a esta clase de preguntas, debemos tener en cuenta que entre $P(G)$ y $P(N)$ media una considerable cantidad de tiempo. En el caso de Leverrier, entre su «Primer Informe» (10/11/1845) y su «Tercer Informe» (31/08/1846) transcurrieron casi 10 meses; en el caso de Adams, entre su «Memorándum» (03/07/1841) y su Carta a Airy (21/10/1845), pasaron más de 4 años. Y en ninguno de los casos se trató de un estadio de latencia editorial, sino de un período de arduo trabajo intelectual, en el que incluso es posible identificar la aplicación de diversas reglas heurísticas.

Además, debemos considerar que la hipótesis particular parece plantear su propio escenario evaluativo. Por ejemplo, *si* el cálculo de los elementos de la órbita del supuesto nuevo planeta hubiese mostrado que éste recorría zonas de la eclíptica *ya* investigadas, la hipótesis particular podría haberse mostrado *menos* plausible que la hipótesis general. Lo mismo hubiese ocurrido si la determinación del volumen del planeta por el momento invisible hubiera indicado que su magnitud perceptible debía ser mayor que la de la mayoría de las estrellas fijas (ya que en este caso hubiese sido más plausible suponer que ya debería haber sido detectado ocularmente). En ambos casos, un resultado de esa clase podría haber conducido a revisar los cálculos de la hipótesis particular, *pero no necesariamente* a reconsiderar a la hipótesis general.

Existen otras diferencias por lo menos curiosas que pueden identificarse en este ejemplo. Por ejemplo, John Herschel sostuvo que la *coincidencia* de los cálculos de la hipótesis particular por parte de Adams y Leverrier permitían una «expectativa» de descubrimiento «con una certeza difícilmente inferior a la demostración ocular». Por su parte Airy, el Astrónomo Real de Inglaterra, en un principio escéptico ante la hipótesis general del planeta oculto, al conocer los resultados *precisos* de las hipótesis particulares de Adams y Leverrier recomendó al Director del Observatorio de Cambridge que iniciara la búsqueda del planeta. En otras palabras, en la instancia AD existe la posibilidad de que existan *más* criterios no-empíricos de juicio.

Como podemos ver, parecen existir diferencias entre las etapas evaluativas RD y AD, diferencias que incluso condicionan acciones, y acciones diferentes. A juzgar por los ejemplos analizados, la etapa retroductiva correspondería a el inicio de una línea de investigación, y la abductiva a la etapa de la publicación del libro o artículo en el que se propone la hipótesis ya desarrollada a la comunidad científica. La distinción existente, como vemos, no se basa en la aplicación de distintas clases de criterios (tal como la que distingue a la RD y la IME), sino que se basa en la mayor capacidad de acceso al conocimiento básico que se tiene en la etapa AD y, consecuentemente, en la posibilidad de aplicar más criterios no-empíricos, y en la de aplicar a estos criterios con mayor precisión. Se trata, claramente, de una distinción de *grado*, cualidad que no descalifica a la distinción, sino que amedita decidir si es filosóficamente importante establecerla[63]. Si el objetivo que nos ocupa es el de mostrar

---

63. Las distinciones de grado suelen presentar problemas en el campo filosófico. Para un sistema filosófico formalista, por ejemplo, la distinción que existe entre estados subsecuentes de un ser humano en evolución es una distinción de grado y, consecuentemente, filosóficamente intratable o innecesaria. Pero una distinción como

que la racionalidad de la empresa científica comienza *antes* de lo que indican las metodologías clásicas –principal objetivo de Hanson–, el hecho de subrayar las *diferencias inferenciales* entre el esquema RD y los esquemas justificacionistas es suficiente. En cambio, si el objetivo buscado es el de ofrecer una reconstrucción racional con un alto grado de precisión, el contexto de plausibilidad ofrece criterios externos importantes que pueden permitir alcanzarlo. (Más allá de la decisión filosófica que se adopte, tal como se aprecia en los ejemplos analizados la AD es una categoría que al menos merece ser tenida en cuenta en una reconstrucción empírica).

4. Síntesis y comentarios

A lo largo de este capítulo he presentado y ejemplificado a la metodología RD y a algunas metodologías de la justificación (en particular, la HD y la IME) dentro del proceso de investigación científica. En particular, he indicado que la diferencia entre plausibilidad de una hipótesis general y justificación de una hipótesis particular puede ser claramente trazada. (También, y como una tarea auto-impuesta, traté de conservar a la categoría AD –categoría que coincide con la RD en el hecho de ser un esquema inferencial del contexto de plausibilidad, y que se diferencia de esta categoría por la diferente generalidad de la estructura teórica que evalua cada una– señalando que permite realizar una reconstrucción racional más detallada de los procesos de construcción de hipótesis).

'niño/adulto' o como 'adulto/anciano' en ocasiones puede ser importante para los argumentos filosóficos.

Una distinción de grado *puede* ser trazada. La distinción entre 'hipótesis general', 'hipótesis particular' e 'hipótesis particular justificada' empleada en este trabajo es evidentemente una distinción de grado, y ha sido razonablemente trazada apelando a requisitos 'internos' como la precisión y a requisitos 'externos' como la publicación. (La distinción 'interno'/ 'externo' es, a su vez, una distinción de grado. ¿Determinar la distinción entre las categorías 'niño' y 'adulto' en base al calendario implica recurrir a un criterio ' interno' o a un criterio 'externo'?).

170

A mi entender, las hipótesis generales *cumplen un rol* incluso antes que las hipótesis particulares sean descubiertas. Para decirlo en términos de Hanson, y de un modo que contrasta razones de justificación y de plausibilidad:

> «por supuesto, es por experimentación que se decide si una hipótesis es correcta. Sin embargo, se pueden esperar ciertos *servicios preliminares* de una hipótesis incluso antes del experimento» (1969a:225; el subrayado es mío).

Como vimos en el capítulo (IV), al sugerir una hipótesis general la RD demarca un área de investigación. Considerada de este modo, podemos decir que los 'servicios preliminares' del juicio evaluativo son varios: éste cumple funciones de *economía* (indicando sobre qué hipótesis es posible seguir trabajando), *heurísticas débiles* (indicando entidades y técnicas a seguir empleando) y *epistémicas* (informando que la línea de investigación que se está siguiendo va por buen camino).

Podemos decir entonces que la diferencia existente entre la metodología de la plausibilidad y las metodologías de la justificación es una distinción importante, porque determina decisiones y acciones científicas, motivo por el cual *su caracterización metodológica es relevante para la comprensión de la dinámica científica.*

Una aclaración respecto a la *relación* plausibilidad/ justificación. Aquí se ha afirmado que la instancia retroductiva es *anterior* a la de justificación, pero no que es una instancia *necesaria* para la justificación: no toda idea científica surge de una hipótesis general, y es posible dar contraejemplos que muestren que no todas las hipótesis son introducidas a la dinámica científica mediante evaluaciones preliminares secuenciales de generalidad y particularidad. Existen casos, por ejemplo, en los que una hipóte-

171

sis puede ser deducida de hipótesis de orden superior. Pero el retroductivista no niega esto64. Hanson, por ejemplo, comenta:

> «Algunos eventos notables de la historia de la ciencia han involucrado razonamientos RD, tales como el descubrimiento de Neptuno y el del neutrino. El descubrimiento de Plutón y el del antiprotón, por el contrario, parecen ser descriptos mejor en términos HD. En estos casos se extraen consecuencias de una teoría aceptada y se la somete a un test. En el caso RD, en cambio, algunos hechos sorprendentemente fracasan en confirmar las consecuencias de una teoría aceptada, y a partir de ellos se argumenta a alguna nueva hipótesis que pueda resolver la anomalía» (1962b:24).

En síntesis; la retroducción no se propone como instrumento de reconstrucción de *todos* los procesos de construcción de hipótesis. Hay confirmación inductiva consecuencialista (o falsación o IME) *después* de una sugerencia retroductiva *sólo si* hay instancia retroductiva. HD (o IME) y RD pueden ser metodologías compatibles y complementarias, pero puede haber HD (o IME) *sin* RD.

Es importante subrayar que el hecho de que la metodología RD no posibilite un modo *universal* de reconstrucción no permite concluir que la instancia de ponderación de una hipótesis general es una categoría analítica de poca utilidad metodológica. De la descripción y la breve cronología de los momentos relevantes de los ejemplos presentados en este trabajo se deriva que los científicos *hacen* juicios de plausibilidad y que hacen *diferentes* clases de juicios de plausibilidad. *Si* esta clase de juicios

---

64. Snyder, sin embargo, entiende que «el retroductivista argumenta que el testeo consecuencialista puede confirmar una hipótesis *sólo si* la hipótesis ha sido... [introducida por una] inferencia retroductiva» (1997:583-4). Tal como indiqué en el capítulo (II) a propósito de su interpretación de Hanson como proponiendo un método de invención, Snyder tiene una comprensión completamente errónea de la inferencia retroductiva.

sólo puede ser captada por reconstrucciones sociológicas, históricas o psicológicas (tal como afirman las metodologías clásicas) dependerá, al menos, de dos cuestiones. En primer lugar, de la posibilidad de presentar categorías analíticas que permitan una amplia reconstrucción racional de diferentes casos y, en segundo lugar, de qué requisitos se exijan para la fundamentación de una metodología 'filosófica' que evalúe esas categorías. Tal como indiqué en el capítulo anterior, esta última cuestión es parte de una discusión *doctrinal* que excede el ámbito de este trabajo y –posiblemente– de la filosofía misma. Esta tesis va en la dirección de la primera de las cuestiones mencionadas, presentando categorías analíticas y reconstrucciones racionales (razonablemente fundamentadas) de ejemplos hasta el momento inadecuadamente reconstruidos por otras metodologías. Los ejemplos utilizados –los de Kepler, Adams y Leverrier, Newton y Watson y Crick– exhiben claramente que la metodología de la plausibilidad aquí analizada ofrece un modo de reconstrucción *posible*. Cualquier pregunta acerca de cuán extensa es la clase de casos factibles de evaluar en base a esa metodología parecería ser más una cuestión de inclusión empírica que un problema de exclusión lógica.

VI

Consideraciones Finales

El principal objetivo de este trabajo fue el de subrayar la existencia de método y –consecuentemente– de racionalidad en dominios de la actividad científica tradicionalmente atribuidos a la intuición o la inspiración. El camino seguido fue el de analizar la obra de N.R. Hanson, por ser este autor el primero en realizar una crítica sistemática a las limitaciones metodológicas heredadas y en caracterizar una adecuada metodología de la plausibilidad.

Como vimos, Hanson pretendió contribuir a la metodología de la investigación científica proponiendo un esquema inferencial al que denominó 'retroducción'. Este esquema, tal como intenté mostrar presentando un análisis general de la naturaleza de la inferencia científica, no procura reconstruir los procesos de descubrimiento de hipótesis, sino sólo los procesos en los que los científicos evalúan hipótesis (ya descubiertas) en estadios primitivos de su desarrollo. La retroducción –tal como oportunamente detallé–, es presentada por Hanson como una metodología que permite evaluar la *plausibilidad* de hipótesis *generales*, *proto*-hipótesis o *clases* de hipótesis.

En este trabajo intenté mostrar que existe otro contexto evaluativo además del de justificación, el contexto de plausibilidad, y que en tanto metodologías de la justificación como la IME o la HD operan en el primero, la retroducción opera en el segundo. En particular, defendí que retroducción e IME son esquemas inferenciales diferentes, e indi-

174

qué que la retroducción debe concebirse como un esquema que permite evaluar hipótesis de trabajo más que hipótesis particulares. (También, conservé la distinción entre abducción y retroducción, indicando que la misma puede ofrecer un refinamiento metodológico útil).

Intenté, principalmente, subrayar que la diferencia existente entre la retroducción y las metodologías justificacionistas puede sustentarse en tres elementos: la *clase de evidencia* que cada esquema inferencial considera; la *clase de criterios* que cada esquema incorpora, y el *grado de generalidad* de las hipótesis que cada una de ellas evalúa.

Desde el punto de vista de la evidencia considerada, podemos decir que la retroducción se basa en la evidencia problemática disponible al momento del descubrimiento, y las metodologías justificacionistas en la nueva y variada evidencia que se acumula en el proceso de justificación.

Desde el punto de vista de los criterios empleados, podemos decir que a los criterios no-empíricos que conforman a la retroducción en el contexto de plausibilidad, en el contexto de justificación las diferentes metodologías de la justificación suman criterios empíricos consecuencialistas.

Consideraciones similares pueden hacerse desde el punto de vista del grado de generalidad de las hipótesis evaluadas. Una hipótesis de trabajo no es una hipótesis particular, y es precisamente la posibilidad de considerarla plausible, prometedora, etcétera, lo que posibilita que la empresa científica centre sus energías en desarrollarla y obtener una formulación particular que permita extraer predicciones precisas.

Dado que un corolario de la caracterización que defiendo es la existencia de un *continuum* de investigación, es natural que la diferencia entre esquemas inferenciales propuesta en muchos casos sólo sea de grado. Pero esto, que puede erturbar a muchos autores de formación formalista, más que un defecto es una virtud. De hecho, existe una diferencia práctica innegable, ya que la retroducción (considerada como un esquema para evaluar hipótesis de trabajo) determina acciones y decisiones que posibilitan, primero, que una hipótesis sea desarrollada hasta poder ser presentada en un artículo científico y, luego, que sea sometida a juicios justificacionistas por la comunidad de investigadores. De esto se deriva que la distinción entre 'hipótesis de trabajo' e 'hipótesis particular' puede ser epistémicamente relevante, del mismo modo en que la distinción entre 'conocimiento' e 'ignorancia' lo es, a pesar de que en la mayoría de los casos el proceso de aprendizaje que conduce de un estadio cognitivo al otro es gradual.

Esta 'nueva' caracterización de la metodología científica supone al menos tres grandes ventajas respecto de las metodologías clásicas:

- En esas concepciones metodológicas parecería que se construyera y evaluara siempre una *misma* estructura cognitiva; es decir, que en el contexto de descubrimiento surgiera una hipótesis *completamente* articulada, y que en el contexto de justificación se sometiera a testeo y se aceptara esa hipótesis en las mismas condiciones de completitud en que supuestamente fue formulada. En contraposición, la distinción trazada por el esquema retroductivo entre una 'hipótesis general' (o una 'clase de hipótesis' o una 'idea científica') y una 'hipótesis particular' ofrece una caracterización más realista de la práctica científica.

- En segundo lugar, al introducir un contexto normativo de plausibilidad la retroducción permite una caracterización más precisa del lenguaje científico. Así, es posible afirmar que aunque una hipótesis no está 'justificada' hasta tanto no es inferida a partir de su testeo empírico, *no es una 'conjetura'* desde el punto de vista epistémico, ya que ha sido introducida al campo científico por un método que afirma su *plausibilidad* –lo que no implica, por supuesto, que no haya habido creatividad en su introducción (o su construcción). De este modo, podemos decir que la decisión de testear una hipótesis no supone una simple 'expectativa de éxito' como en el método popperiano de 'ensayo y error', porque hay expectativas reales, *racionales*, de que la hipótesis propuesta es correcta y, por lo tanto, que posteriormente sus derivaciones serán efectivamente corroboradas (o confirmadas).

- En tercer lugar, la inclusión de la retroducción al *continuum* metodológico supone una historia interna –una reconstrucción racional– *mayor* que la dada por las metodologías heredadas. Tengamos en cuenta que para las metodologías hipotético-deductivistas o positivistas, la breve historia interna de una hipótesis –ya sea de una *regularidad empírica* (como en el caso de la primera ley de Kepler), de una *hipótesis auxiliar* (como en el caso de la hipótesis de Adams y Leverrier), o de un *sistema de leyes con términos teóricos* (como en el caso de las hipótesis de Newton o de Watson y Crick)– *comienza* con la etapa de confirmación o falsación empírica de la misma.

En las últimas décadas, el interés en el rol de los criterios no-empíricos en la ciencia ha tenido un notable crecimiento entre los filósofos de la ciencia. Lamentablemente, los esfuerzos se han centrado más en determinar cuál es su función en la elección de hipótesis que en las decisiones científicas de plausibilidad. Este trabajo intenta contribuir a los estudios de la metodología de la plausibilidad, área la cual, como pudimos apreciar, es de singular importancia para el dominio científico y para la metodología de la investigación.

El propósito filosófico del positivismo lógico fue, como vimos en el capítulo (I), el de dar una reconstrucción racional del lenguaje de la ciencia. De este modo, la ciencia fue concebida como un producto ya terminado, como un «edificio formal» o «lógico» de enunciados de amplitud y generalidad en aumento, que descansa sobre enunciados de reportes de observación. Quizá contribuyeron a esta caracterización expresiones como las de Carnap afirmando que la filosofía debe dar una explicitación del «esqueleto lógico» de los enunciados científicos (cfr., p.ej., Carnap [1928]:&2). Esta concepción arquitectónica y estática de la ciencia, interesada más en la estructura deductiva ideal de una teoría que en la *actividad* científica concreta, recibió muchas clases de críticas. Las

más importantes proveían de popperianos como Lakatos, y de lakatosianos como Worrall o Musgrave. En particular, éstos se oponían al enfoque centrado en la *estructura* de las teorías planteado por los positivistas, y proponían centrar a la filosofía de la ciencia en el estudio de la *dinámica* de las teorías.

Este parece ser un cambio de enfoque interesante. Sin embargo, cuando
nos acercamos a las propuestas 'dinámicas' de estos autores, encontra-
mos que éstas investigan el modo en que evoluciona el *conocimiento científico*; es decir, la ciencia *como un todo*, y no como se desarrollan o constru-
yen hipótesis específicas que pueden (eventualmente) pasar a formar
parte del *corpus* científico.

La metodología de Hanson también lleva a cabo una crítica a los enfoques estáticos y estructurales, pero es dinámica en un sentido muy diferente al de los autores mencionados, ya que se ocupa del desarrollo *de
las hipótesis* en particular, de la 'vida' de una hipótesis científica, no del
desarrollo de la empresa científica en general.

El esquema heredado, tal como vimos, presenta una 'radiografía' del
esqueleto lógico de productos lingüísticos terminados. Confrontada con
este esquema, podríamos decir que aunque la metodología de Hanson
se sitúa en el mismo nivel normativo, ofrece otra clase de reconstrucción; una *reconstrucción más amplia*. Continuando con la metáfora fotográ-
fica de la CMH, podríamos decir que la 'nueva metodología de la ciencia' ofrece, más que 'radiografías', 'instantáneas' de estructuras lingüísticas *en desarrollo*, identikits de lo-que-de-hecho-pasó, es decir, de los procesos de construcción de hipótesis y de sus interacciones con los cam-
biantes contextos constructivos. Por supuesto: no ofrece una versión
'cinematográfica' fotograma a fotograma, pero esto además de imposible es innecesario.

La función de una metodología reconstructiva de la ciencia, tal como
indiqué, es la de dar una *explicación organizada* de los procesos de pensa-

miento científico, de mostrar la *racionalidad* de la empresa científica, de exhibir la *inteligibilidad* de las acciones y decisiones de los científicos. Era a esa función a la que etimológicamente remitía el término 'lógica' en la expresión 'lógica de la ciencia', o a la que remite en la actualidad el término 'filosofía' en la expresión 'filosofía de la ciencia', y es a esa función a la que deben remitir las expresiones 'lógica', 'filosofía', o 'metodología de la plausibilidad'. Y, como hemos visto a lo largo de estos capítulos, la conformación de una lógica, filosofía, o metodología de la plausibilidad de esta clase se muestra como perfectamente plausible.

Hanson describió a la metodología de la justificación clásica como una lógica o metodología del 'reporte final de investigación' (cfr., p.ej., 1965a:49). Adoptando esta imagen, creo que podemos caracterizar a la retroducción como una metodología del *proyecto inicial* de investigación'. Pues un proyecto de investigación, en su versión inicial, presenta una hipótesis de trabajo (no una descripción de cómo esa hipótesis fue descubierta), y en él su autor enumera las razones por las cuales considera razonable trabajar sobre la misma. Esa clase de hipótesis, como bien sabemos, puede mostrarse inviable, inverosímil, impracticable, inaplicable, etcétera. Pero también puede mostrarse prometedora, viable, fértil; es decir, *plausible*, objetivamente promisoria. De hecho, parecería plausible suponer que así lo han de considerar las Instituciones, Organismos y Entidades financiadoras a la hora de otorgar subsidios y becas.

Supongamos que Adams hubiese elaborado su *memorándum* y se hubiese presentado con él a alguna Institución para pedir alguna clase de apoyo para proseguir con su investigación. ¿No sería racional pensar que los encargados de 'administrar ciencia' hubiesen considerado plausible a su Proyecto sobre la base de criterios como los aquí expuestos? Pues de no ser ese el caso, y considerando que una financiación no se concede sobre la base de reportes de resultados finales de investigación (estadio de investigación terminal que en la mayoría de los casos haría inútil el pedido de apoyo), ¿deberíamos concluir que *sólo* se tienen en cuenta criterios políticos, o criterios de incidencia social, o meramente criterios monetarios?

Bibliografía

En los casos en que he podido acceder a la edición original del texto citado, la fecha que acompaña al nombre del autor indica el año de la edición empleada. En los casos en que no he utilizado ediciones originales, a continuación del nombre del autor cito entre corchetes el año de la primera edición (cuando esta información esté disponible), y al final de la referencia el año de la edición utilizada.

Cuando la versión que utilizo corresponde a una edición revisada o ampliada, consigno el año de esta edición a continuación de la fecha de la primera edición; por ejemplo: «Laudan, Larry, 1980/1». Utilizo el mismo criterio en el caso de versiones traducidas; por ejemplo, «Popper, Karl, [1962/5]».

Abetti, Giorgio, [1949], *Historia de la astronomía*, FCE, México, 1992.
Achinstein, Peter, 1971, *Law and Explanation*, Clarendon Press, Oxford.
Achinstein, Peter, 1985, «The Method of Hypotesis: What Is It Supposed to Do, and Can It Do It?», en Achinstein y Hannaway (ed.), 127-45.
Achinstein, P.; Hannaway, O. (ed.), 1985, *Observation, Experiment, and Hypothesis in Modern Physical Science*, MIT Press, Cambridge.
Adams, J., 1979, *Conceptual Blockbusting*, Norton, N.Y.
Agassi, Joseph, 1964, «Scientific Problems and their Roots in Metaphysics», en M. Bunge (comp.) 1964, *The Critical Approach to Science and Philosophy*, Free Press, N.Y., 189-211.
Albert, Hans, 1979, «Science and the Search for Truth», en Radnitzky y Andersson (eds.) 1979, 203-20.
Alexander, Peter, 1965, «On the Logic of Discovery», *Ratio* 7, 219-32.
Aliseda-Llera, Atocha, 1997, *Seeking Explanations: Abduction in Logic, Philosophy of Science and Artificial Intelligence*, ILLC-Publications, Amsterdam.

Anderson, Douglas, 1987, *Creativity in the Philosophy of C.S. Peirce*, Reidel, Dordrecht.

Andersson, Gunnar, [1988], *Criticism and the History of Science. Kuhn's, Lakatos's and Feyerabend's Criticims of Critical Rationalism*, E.J. Brill, Leiden, 1994.

Aronson, Jerrold, 1984, *A Realist Philosophy of Science*, Macmillan, Londres.

Bacon, Francis, [1620], *Novum Organum*, en Spedding *et al.* (eds.) [1857-74], *The Works of Francis Bacon*, 14 vols., Gunther Holzboog, Stuttgart, IV, 1963, 39-247.

Barker, S.F., 1957, *Induction and Hypotesis*, Cornell University Press, N.Y.

Blachowicz, James, 1987, «Discovery as Correction», *Synthese* 71, 235-321.

Blake, Ralph, [1960], «Theory of Hypothesis among Renaissance Astronomers», en E. Madden (ed.) [1960], 22-49.

Boring, Edwin, [1954], «The Dual Role of the *Zeitgeist* in Scientific Creativity», en P. Frank (ed.) [1954], 187-189.

Braithwaite, R.B., 1934, «Review of *Collected Papers*», *Mind* 43, 486-511.

Braithwaite, R.B., 1953, *Scientific Explanation*, Cambridge University Press, Cambridge.

Brown, Harold, 1984, *La nueva filosofía de la ciencia*, Tecnos, Madrid.

Brown, W.M., 1988, «The Economy of Peirce's Abduction», *Transactions of the C.S. Peirce Society* 24, 397-411.

Buchdahl, Gerd, 1970, «History of Science and Criteria of Choice», en R. Stuewer (ed.) 1970, 204-45.

Bunge, Mario, 1960, «The Place of Induction in Science», *Philosophy of Science* 27, 262-70.

Burks, Arthur, 1943, «Peirce's Conception of Logic as a Normative Science», *The Philosophical Review* 52, 187-193.

Burks, Arthur, 1946, «Peirce's Theory of Abduction», *Philosophy of Science* 13, 301-6.

Bybee, M.D., 1996, «Abductive Inference and the Structure of Scientific Knowledge», *Argumentation* 10, 24-46.

Carnap, Rudolf, [1928], *The Logical Structure of the World*, University of California Press, Berkeley, 1969.

Carnap, Rudolf, [1930-1], «La antigua y la nueva lógica», en A. Ayer (comp.) [1959], *El positivismo lógico*, F.C.E., México, 1993, 139-50.

Carnap, Rudolf, [1934/7], *The Logical Syntax of Language*, Littlefield, Adams & Co., New Jersey, 1959.

Carnap, Rudolf, [1938], «Logical Foundations of the Unity of Science», en Carnap *et al.* (eds.) [1938], *International Encyclopedia of Unified Science*, I, University of Chicago Press, Chicago, 1955, 42-62.

Carnap, Rudolf, [1950], *Logical Foundations of Probability*, University of Chicago Press, Chicago, 1967.

Carnap, Rudolf, 1966, *Philosophical Foundations of Physics*, Basic Books, N.Y.

Chibeni, Silvio, 1993, «Descartes e o realismo científico», *Reflexão* 57, 35-53.

Chibeni, Silvio, 1996, «A inferência abdutiva e o realismo científico», *Cad.Hist.Fil.Ci.* 6, 45-73.

Clarke, Desmond, [1982], *La filosofía de la ciencia de Descartes*, Alianza, Madrid, 1986.

Conant, James, 1951, *Science and Common Sense*, Yale University Press, New Haven.

Couturat, L., [1901], *La logique de Leibniz d'après de documents inédits*, Olms, París, 1961.

Crick, Francis, [1988], *Qué loco propósito*, Tusquets, Barcelona, 1989.

Curd, Martin, 1980, «The Logic of Discovery: an Analysis of Three Approaches», en T. Nickles (ed.) 1980, 201-20.

Curtis, Ronald, 1986, «Are Methodologies Theories of Scientific Rationality?», *Brit.J.Phil.Sci.* 37, 135-61.

Davis, William, 1972, *Peirce's Epistemology*, Martinus Nihoff, La Haya.

Day, T.; Kincaid, H., 1994, «Putting Inference to the Best Explanation in Its Place», *Synthese* 98, 271-95.

Descartes, Rene, [1644], *Principles of Philosophy*, en *The Philosophical Writings of Descartes*, I, Cambridge University Press, 177-293, 1985.

Dewey, John, [1920], *La reconstrucción de la filosofía*, Planeta-Agostini, Madrid, 1993.

Duhem, Pierre, [1906], *The Aim and Structure of Physical Theory*, Atheneum, N.Y., 1962.

Eco, U.; Sebeok, T. (eds.), [1983], *El signo de los tres*, Lumen, Barcelona, 1989.

Einstein, Albert, [1933], «On the Method of Theoretical Physics», en Einstein [1954], 270-6.

Einstein, Albert, [1934], «The Problem of Space Ether, and the Field in Physics», en Einstein [1954], 276-85.

Einstein, Albert, [1954], *Ideas and Opinions*, Crown, N.Y, 1963.

Fann, K.T., 1970, *Peirce' Theory of Abduction*, Martinus Nijhoff, The Hague.

Farre, George, 1968, «On the Linguistic Foundations of the Problem of Scientific Discovery», *The Journal of Philosophy* 65, 779-94.

Feibleman, James, 1960, *An Introduction to Peirce's Philosophy*, Ruskin House, Londres.

Feigl, Herbert, 1964, «What is Philosophy of Science?», en R.M. Chisholm *et al.* (eds.) 1964, *Philosophy*, Prentice-Hall, Englewood Cliffs, 465-539.

Feigl, Herbert, 1970a, «The 'Orthodox' View of Theories: Remarks in Defense as well as Critique», en M. Radner y S. Winokur (eds.) 1970, *Analyses of Theories and Method of Physics and Psychology*, University of Minnesota Press, Minneapolis, 3-16.

Feigl, Herbert, 1970b, «Beyond Peaceful Coexistence», en R. Stuewer (ed.) 1970, 3-11.

Feigl, H; Maxwell, G. (eds.), 1961, *Current Issues in the Philosophy of Science*, Holt, Reinehart & Winston, N.Y.

Feynman, Richard, 1965, *The Character of Physical Law*, MIT Press, Cambridge.

Feyerabend, Paul, 1961, «Comments on Hanson's "(1961a)"», en Feigl y Maxwell (eds.) 1961, 35-9.

Feyerabend, Paul, 1975, *Against Method*, New Left Book, Londres.

Flage, Daniel; Bonnem, Clarence, 1999, *Descartes and Method*. A Search for a Method in *Meditations*, Routledge, N.Y.

Frank, Philipp (ed.), [1954], *The Validation of Scientific Theories*, Collier Books, N.Y., 1961.

Frankfurt, Harry, 1958, «Peirce's Notion of Abduction», *The Journal of Philosophy* 55, 598-603.

Freeman, Eugene; Skolimowski, Henryk, 1974, «The Search for Objectivity in Peirce and Popper», en P. Schilpp (ed.) 1974, I, 464-519.

Freeman, Eugene (ed.), 1983, *The Relevance of Charles Peirce*, La Salle, Illinois.

Fumerton, R.A., 1980, «Induction and Reasoning to the Best Explanation», *Philosophy of Science* 47, 589-600.

García, P.; Menna, S; Rodríguez, V., 2000, *Epistemología e Historia de la Ciencia 2000*, Córdoba.

Gardner, Michael, 1982, «Predicting Novel Facts», *Brit.J.Phil.Sci.* 33, 1-15.

Gavroglu, K.; Goudaroulis, Y.; Nicolacopoulos, P. (eds.), 1989, *Imre Lakatos and Theories of Scientific Change*, Reidel, Dordrecht.

Gigerenzer, Gerd, 1992, «Discovery in Cognitive Psychology: New Tools Inspire New Theories», *Science in Context* 5, 329-50.

Goodman, Nelson, [1965], *Fact, Fiction,* and *Forecast,* Harvard University Press, Cambridge, 1983.

Goudge, Thomas, 1940, «Peirce's Treatment of Induction», *Philosophy of Science* 7, 56-68.

Gutting, Gary, 1980, «The Logic of Invention», en T. Nickles (ed.) 1980, 221-34.

Haack, Susan, 1977, «Two Fallibilist in the Search of the Truth», *Proceedings of the Aristotelian Society,* 51.

Hacking, Ian, 1983, *Representing and Intervening,* Cambridge University Press, Cambridge.

Hanson, Norwood, 1956, «Proof and Discovery», *The Cambridge Review,* June 9, 682-4.

Hanson, Norwood, 1958a, *Patterns of Discovery,* Cambridge University Press, Cambridge.

Hanson, Norwood, 1958b, «The Logic of Discovery», *The Journal of Philosophy* 55, 1073-89.

Hanson, Norwood, 1958c, «Catenae Iterum Fractae», *Mind* 67, 546-7.

Hanson, Norwood, 1960, «More on "The Logic of Discovery"», *The Journal of Philosophy* 57, 182-8.

Hanson, Norwood, 1961a, «Is There a Logic of Scientific Discovery?», en Feigl y Maxwell (eds.) 1961, 20-35.

Hanson, Norwood, 1961b, «Rejoinder on Feyerabend's "(1961)"», en Feigl y Maxwell (eds.) 1961, 40-2.

Hanson, Norwood, 1961c, «The Copernican Disturbance and the Keplerian Revolution», *JHI* 22, 169-84.

Hanson, Norwood, 1962a, «Leverrier: The Zenith and Nadir of Newtonian Mechanics», *Isis* 53, 359- 78.

Hanson, Norwood, 1962b, «Retroductive Inference», en B. Baumrin (ed.) 1962, *Philosophy of Science: The Delaware Seminar,* John Wiley & Sons, N.Y., I, 21-37.

Hanson, Norwood, 1962c, «The Irrelevance of History of Science to Philosophy of Science», *Journal of Philosophy* 59, 574-86.

Hanson, Norwood, 1962d, «Scientist and Logicians: a Confrontation», *Science* 138, 1311-4.

Hanson, Norwood, 1963, «Comments on Buchdahl's "Descartes's Anticipation of a 'Logic of Discovery'"», en A. Crombie (ed.) 1963, *Scientific Change*, Basic Book, N.Y., 458-66.

Hanson, Norwood, 1965a, «The Idea of a Logic of Discovery», *Dialogue* 4, 48-61.

Hanson, Norwood, 1965b, «Notes Toward a Logic of Discovery», en R. Bernstein (ed.) 1965, *Perspectives of Peirce*, Yale University Press, New Haven, 42-65.

Hanson, Norwood, 1967a, «An Anatomy of Discovery», *The Journal of Philosophy* 94, 321-52.

Hanson, Norwood, 1967b, «The Genetic Fallacy Revisited», *American Philosophical Quarterly* 4, 101-13.

Hanson, Norwood, 1969a, *Perception and Discovery*, Freeeman, Cooper & Company, San Francisco.

Hanson, Norwood, 1969b, «Logical Positivism and the Interpretation of Scientific Theories», en P. Achinstein y S. Barker (eds.), 1969, *The Legacy of Logical Positivism*, MIT Press, Cambridge, 57-84.

Hanson, Norwood, 1971, *Observation and Explanation*, Harper & Dow, N.Y.

Hanson, Norwood, [1973], *Constelaciones y conjeturas*, Alianza, Madrid, 1978.

Harman, Gilbert, 1965, «The Inference to the Best Explanation», *The Philosophical Review* 74, 88-95.

Harman, Gilbert, 1968, «Enumerative Induction as Inference to the Best Explanation», *The Philosophical Review* 94, 529-33.

Harris, James; Hoover, Kevin, 1983, «Abduction and the New Riddle of Induction», en E. Freeman (ed.) 1983, 132-44.

Hempel, Carl, 1960, «Inductive Inconsistencies», *Synthese* 4, 462-9.

Hempel, Carl, 1965, *Aspects of Scientific Explanation*, Free Press, N.Y.

Hempel, Carl, [1966], *Filosofía de la ciencia natural*, Alianza, Madrid, 1973

Hempel, Carl, 1985, «Thoughts on the Limitations of Discovery by Computer», en K. Schaffner (ed.) 1985, 115-22.

Herschel, John, [1833], *A Preliminary Discourse on the Study of Natural Philosophy*, Routledge, 1969.

Hooker, Clifford, 1977, «Methodology and Systematic Philosophy», en R. Butts y J. Hintikka (eds.), 1977, *Basic Problems in Methodology and Linguistics*, Reidel, Dordrecht, 3-23.

Hoyningen-Huene, Paul, 1987, «Context of Discovery and Context of Justification», *Stud.Hist.Phil.Sci.* 18, 501-15.

Hoyningen-Huene, 1993, *Reconstructing Scientific Revolutions*, University of Chicago Press, Chicago.

Jevons, W. Stanley, [1873/7], *The Principles of Science*, Dover, N.Y., 1958.

Josephson, J.; Josephson, S.G. (eds.), 1994, *Abductive Inference*, Cambridge University Press, Cambridge.

Kantorovich, Aharon, 1994, «Scientific Discovery: a Philosophical Survey», *Philosophia* 23, 3-23.

Kapitan, Tomis, 1992, «Peirce and the Autonomy of Abductive Reasoning», *Erkenntnis* 37, 1-27.

Kepler, Johannes, [1609], *New Astronomy*, Cambridge University Press, Cambridge, 1992.

Kisiel, Theodore, 1980, «Ars Inveniendi: a Classical Source for Contemporary Philosophy of Science», *Revue Internationale de Philosophie* 131-2, 130-54.

Kneller, George, [1978], *A ciência como atividade humana*, Zahar, R.J., 1980.

Kordig, Carl, 1978, «Discovery and Justification», *Philosophy of Science* 45, 110-7.

Kuhn, Thomas, [1962], *La estructura de las revoluciones científicas*, F.C.E., México, 1996.

Kyburg, Henry, 1968, *Philosophy of Science: A Formal Approach*, The Macmillan Company, N.Y.

Lakatos, Imre, [1963-4], *Pruebas y refutaciones*, Alianza, Madrid, 1994.

Lakatos, Imre, [1971], *La historia de la ciencia y sus reconstrucciones racionales*, Tecnos, Madrid, 1993.

Lakatos, Imre, [1971a], «Respuesta a las críticas», en Lakatos [1971], 145-58.

Lakatos, Imre, [1974], «Popper y los problemas de demarcación e inducción», en Lakatos [1978a], *La metodología de los programas de investigación*, Alianza, Madrid, 1983, 180-215.

Lalande, André, [1929], *Las teorías de la inducción y de la experimentación*, Losada, Bs.As., 1944.

Lamb, D.; Easton, S., 1984, *Multiple Discovery*, Avebury Publishing Company, Trowbridge.

Langley, P., *et al.*, 1987, *Scientific Discovery: Computer Explorations of the Creative Processes*, The MIT Press, Cambridge.

Laudan, Larry, 1977, *Progress and Its Problems*, University of California Press, Berkeley.

Laudan, Larry, 1980/1, «Why Was The Logic of Discovery Abandoned?», en Laudan 1981, 181-91.

Laudan, Larry, 1981, *Science and Hypotesis*, Reidel, Dordrecht.

Laudan, Larry, 1984, *Science and Value*, University of California Press, Berkeley.

Leplin, Jarrett, 1980, «The Role of Models in Theory Construction», en T. Nickles (ed.) 1980, 267-84.

Levi, Isaac, 1980, «Incognizables», *Synthese* 45, 412-26.

Lugg, Andrew, 1985, «The Process of Discovery», *Philosophy of Science* 52, 207-20.

MacKinnon, Edward, 1980, «The Discovery of a New Quantum Theory», en T. Nickles (ed.) 1980b, 261-80.

Madden, Edward (ed.), [1960], *Theories of Scientific Method: The Renaissance Through the Nineteenth Century*, Gordon & Breach, N.Y., 1989.

Manktelow, K.; Over, D., 1990, *Inference and Understanding: A Philosophical and Psychological Perspective*, Routledge, Londres.

Marcos, Alfredo, 2000, *Hacia una filosofía de la ciencia amplia*, Tecnos, Madrid.

Margeneau, Henry, 1950, *The Nature of Physical Reality*, McGraw-Hill, N.Y.

Martínez Velasco, Jesús, 1993, «El descubrimiento científico: innovación y racionalidad», *Pensamiento* 49, 3-33.

McKinney, William, 1995, «Between Justification and Pursuit: Undestanding the Technological Essence of Science», *Stud.Hist.Phil.Sci.* 26, 455-68.

McLaughlin, Robert, 1982a, «Invention and Appraisal», en R. McLaughlin (ed.) 1982, *What? Where? When? Why?*, Reidel, Dordrecht, 69-100.

McLaughlin, Robert, 1982b, «Invention and Induction. Laudan, Simon and the Logic of Discovery», *Philosophy of Science* 49, 198-211.

Melchert, N., 1985, «Why Constructive Empiricism Collapses into Scientific Realism», *Australasian Journal of Philosophy* 63, 213-5.

Menna, Sergio, 2000, «La metodología de lo invisible», en P. García *et al.*, 2000, 283-91.

Menna, Sergio, 2001a, «La *abducción* y la *IME*», en Caracciolo y Letzen (eds.), *EHC VII*, Cba., 329-36.

Menna, Sergio, 2001b, «La inferencia abductiva y el contexto de plausibilidad», en J. Acero *et al.* (eds.), *Actas III Congreso Soc. Española de Filosofía Analítica*, Granada.

Mill, John, [1872], *A Sistem of Logic*, Cambridge University Press, Cambridge, 1954.

Musgrave, Alan, 1989, «Deductive Heuristics», en Gavroglu *et al.* (eds.) 1989, 15-31.

Nickles, Thomas, 1980, «Scientific Discovery and the Future of Philosophy of Science», en T. Nickles (ed.) 1980, 1-59.

Nickles, T. (ed.), 1980, *Scientific Discovery, Logic and Rationality*, Reidel, Dordrecht.

Nickles, T. (ed.), 1980b, *Scientific Discovery: Case Studies*, Reidel, Dordrecht.

Niiniluoto, Ilkka, 1999, «Defending Abduction», *Philosophy of Science* 66, 436-51.

Olscamp, Paul, 1965, «Introduction», en R. Descartes, 1965, *Discourse on Method*, Bobbs-Merrill, Indianapolis.

Peirce, Charles, 1931-58, *Collected Papers*, Hartshorne, C.; Weiss, P. (eds.), 1931-35, vols. I-VI; Burks, A. (ed.), 1958, vols. VII-VIII, Harvard University Press, Cambridge.

Pera, Marcello, 1980, «Inductive Method and Scientific Discovery», en Grmek *et al.* (eds.) 1980, 141-65.

Polya, George, 1957, *How to Solve It*, Doubleday Anchor Book, N.Y.

Popper, Karl, [1934], *La lógica de la investigación científica*, Tecnos, Madrid, 1962.

Popper, Karl, [1962/5], *Conjeturas y refutaciones. El desarrollo del conocimiento científico*, Paidós, Bs.As., 1967.

Popper, Karl, [1972], *Conocimiento objetivo*, Tecnos, Madrid, 1992.

Popper, Karl, [1976], *Búsqueda sin término*, Tecnos, Madrid, 1985.

Prodi, Enrico, 1993, *Quale Metodo per la Scienza*, Franco Angeli, Milano.

Putnam, Hilary, [1974], «La 'corroboración' de las teorías», en I. Hacking (ed.) 1985, 116-52.

Putnam, Hilary, [1975], *El lenguaje y la filosofía*, UNAM, México, 1984.

Putnam, Hilary, 1975, «What is Mathematical Truth?», en *Mathematics, Matter and Method*, I, Cambridge University Press, Cambridge.

Radnitzky, G.; Andersson, G. (eds.) 1979, *Progress and Rationality in Science*, Reidel, Dordrecht.

Reichenbach, Hans, 1938, *Experience and Prediction*, University of Chicago Press, Chicago.

Reichenbach, Hans, 1944, *Philosophic Foundations of Quantum Mechanics*, University of California Press, Berkeley.

Reichenbach, Hans, [1947], *Elements of Symbolic Logic*, The Free Press, N.Y., 1966.

Reichenbach, Hans, 1951, *The Rise of Scientific Philosophy*, University of California Press, Berkeley.

Rescher, Nicholas, 1960, «Review of '*Patterns of Discovery*'», *Philosophical and Phenomenological Research* 21, 266-8.

Rescher, Nicholas, 1978, *Peirce's Philosophy of Science*, University of Notre Dame Press, Londres.

Rudner, Richard, [1954], «Value Judgments in the Acceptance of Theories», en P. Frank (ed.) [1954], 31-5.

Rudner, Richard, 1966, *Philosophy of Social Science*, Prentice-Hall, Englewood Cliffs.

Ryle, Gilbert, 1949, *The Concept of Mind*, Hutchinson, Londres.

Salmon, Wesley, [1963], *Lógica*, Uthea, México, 1965.

Salmon, Wesley, 1967, *The Foundations of Scientific Inference*, University of Pittsburgh Press, Pittsburgh.

Salmon, Wesley, 1970, «Bayes's Theorem and the History of Science», en R. Stuewer (ed.) 1970, 68-86.

Schaffner, Kenneth, 1980, «Discovery in the Biomedical Sciences», en T. Nickles (ed.) 1980b, 171-205.

Schaffner, Kenneth (ed.), 1985, *Logic of Discovery and Diagnosis in Medicine*, University of California Press, Berkeley.

Schiller, F.C.S., [1917], «The Scientific Discovery and Logical Proof», en C. Singer (ed.) 1975, I, 235-89.

Schiller, F.C.S., [1921], «Hypothesis», en C. Singer (ed.) 1975, II, 414-46.

Schilpp, Paul (ed.), 1974, *The Philosophy of Karl Popper*, Open Court, La Salle.

Schlesinger, George, 1987, «Acomodation and Prediction», *Australasian Journal of Philosophy* 65, 33-42.

Schon, Donald, 1959, «Comment on Mr. Hanson's "The Logic of Discovery"», *The Journal of Philosophy* 56, 500-3.

Seco, M.; Andrés, O.; Ramos, G., 1999, *Diccionario del español actual*, Aguilar, Madrid.

Sellars, Wilfrid, 1962, *Science, Perception and Reality*, Humanities Press, N.Y.

Siegel, Harvey, 1985, «What is the Question Concerning the Rationality of Science?», *Philosophy of Science* 52, 517-37.

Simon, Herbert, 1973, «Does Scientific Discovery Have a Logic?», *Philosophy of Science* 40, 471-80.

Singer, Charles (ed.), 1975, *Studies in the History and Methods of Sciences*, I [1917], II [1921] (dos volúmenes en uno), Arno Press, N.Y.

Skagestad, Peter, 1979, «Peirce on Biological Evolution and Scientific Progress», *Synthese* 41, 85-114.

Smart, J.J.C., 1989, «Methodology and Ontology», en Gavroglu *et al.* (eds.) 1989, 47-58.

Smokler, Howard, 1968, «Conflicting Conceptions of Confirmation», *The Journal of Philosophy* 65, 300-12.

Snyder, Laura, 1997, «Discoverers' Induction», *Philosophy of Science* 47, 580-604.

Sober, Elliott, [1988], *Reconstructing the Past*, The MIT Press, Cambridge, 1991.

Stich, S.P.; Nisbett, R.E., 1980, «Justification and the Psychology of Human Reasoning», *Philosophy of Science* 47, 188-202.

Stuewer, Roger (ed.), 1970, *Historical and Philosophical Perspectives of Science*, University of Minnesota Press, Minneapolis.

Stump, David, 1992, «Naturalized Philosophy of Science with a Plurality of Methods», *Philosophy of Science* 59, 456-60.

Suppe, Frederick (ed.), [1974], *La estructura de las teorías científicas*, Nacional, Madrid, 1979.

Thagard, Paul, 1978, «The Best Explanation: Criteria for the Theory Choice», *The Journal of Philosophy* 75, 76-92.

Thagard, Paul, 1982, «From the Descriptive to the Normative in Psychology and Logic», *Philosophy of Science* 49, 24-42.

Thagard, Paul, 1982, 1988, *Computational Philosophy of Science*, The MIT Press, Cambridge.

Thompson, Manley, 1978, «Peirce's Verificationist Realism», *The Review of Metaphysics* 32, 74-98.

Truzzi, Marcello, [1983], «Sherlock Holmes: experto en psicología social aplicada», en Eco y Sebeok (eds.) [1983], 82-115.

Toulmin, Stephen, 1953, *The Philosophy of Science*, Hutchinson's University Library, Londres.

Toulmin, Stephen, 1977, «From Form to Function: Philosopy and History of Science in the 1950s and Now», *Dædalus* 106, 143-62.

Toulmin, Stephen; Goodfield, June, [1961], *The Fabric of the Heavens*, The University of Chicago Press, Chicago, 1999.

Tursman, Richard, 1987, *Peirce's Theory of Scientific Discovery*, Indiana University Press, Bloomington.

Vandamme, Fernand, 1985, «Logic, Discourse, Discovery. An Averroistic Register Approach», en J. Hintikka y F. Vandamme (eds.) 1985, *Logic of Discovery and Logic of Discourse*, Plenum Press, Ghent, 51-62.

Van Fraassen, Bas, [1980], *La imagen científica*, Paidós, México, 1996.

Van Fraassen, Bas, 1985, «Empiricism in the Philosophy of Science», en P. Churchland y C. Hooker (eds.) 1985, *Images of Science*, University of Chicago Press, Chicago, 245-308.

Von Wright, George, 1957, *The Logical Problem of Induction*, Blackwell, Oxford.

Walsh, F. Michael, 1972, «Review of K.T. Fann, *Peirce's Theory of Abduction* (1970)», *Philosophy* 47, 377-9.

Watkins, John, 1984, *Science and Scepticism*, Princenton University Press, N.J.

Watson, James, [1968], *La doble hélice*, Salvat, Barcelona, 1993.

Watson, J; Crick, F., 1953, «Molecular Structure of Nucleic Acids. A Structure for Deoxyribose Nucleic Acid», *Nature* 171, 737-8.

Whewell, William, [1840/7], *The Philosophy of the Inductive Sciences*, 2 vols., Frank Cass & Co., Londres, 1967.

Whewell, William, [1857], *The History of the Inductive Sciences*, 3 vols., Frank Cass & Co., Londres, 1967.

Wilson, Curtis, 1972, «How did Kepler Discover His First Two Laws?», *Scientific American* 226, 93-106.

Worrall, John, 1978, «The Ways in Which the Methodology of Scientific Research Programmes Improves Upon Popper's Methodology», en G. Radnitzky y G. Andersson (eds.) 1979, *Progress and Rationality in Science*, Reidel, Dordrecht, 45-70.

Wright, Edmond, 1992, «Gestalt Switching: Hanson, Aronson, and Harré», *PS* 59, 480-6.

Zahar, Elie, 1983, «Logic of Discovery or Psychology of Invention?», *Brit.J.Phil.Sci.* 34, 234-61.

Colecciones de esta Editorial

Colección *Textos Clásicos de Filosfía*
En coedición con Editorial Brujas

Confesiones. San Agustín.
El libro de oro. Saint Germain.
Apología de Sócrates. Platón.
El Banquete. Platón.
Fedón. Platón.
Critón. Platón.
Gorgias. Platón.
La República. Platón.
Protágoras. Platón.
Crítica de la razón pura. Immanuel Kant.
Fundamentación de la metafísica de las costumbres. Immanuel Kant.
Metafísica. Aristóteles.
La gran moral. Aristóteles.
La ética. Aristóteles.
Política. Aristóteles.
Sobre la tranquilidad del ánimo. Séneca.
El filósofo autodidacta. Abentofail.
Discurso del método. René Descartes.
Meditaciones. René Descartes.
El Anticristo. Friedrich Nietzsche.
Así habló Zaratustra. Friedrich Nietzsche.
Ecce homo. Friedrich Nietzsche.
El libro del filósofo. Friedrich Nietzsche.
Mi hermana y yo. Friedrich Nietzsche.
La mujer griega. Friedrich Nietzsche.
Tratado de la Naturaleza Humana. David Hume.
La consolidación de la filosofía. Boecio.

Colección *Conjetura de Filosfía*

Colección *Temática* (Investigación)

Psicología
Crisis socioeconómica. M. Alvarez – L. Daniel. (2004).
Autismo y Música. F. Gigena. (2004).

Filosofía
La 'Nueva' metodología de la Ciencia. S. Menna. (2004)

Historia
Mujeres y poder informal. Salud-enfermedad y hechicería en la Córdoba del siglo XVIII. L. Pizzo. (2004)

Educación
Dimensión Histórica Antropológica de la Didáctica y sus implicancias educativas. M. T. Minnig. (2003)

Economía
Gasto Social. Un modelo de mercado para Argentina. A. Baronio – F. Buchieri – S. Gastaldi – A. Vianco. (2004)
La Economía Política de un país en transición. Argentina 2001-2003. S. Gastaldi – F. Buchieri. (2004)

Teatro (Obra)
uBú DirEKtor. V. Cáceres. (2003).

Colección *Tesis de Posgrado*
En coedición con la Ed. Facultad de Filosofía y Humanidades (UNC)

Letras
Las formas del ensayo en la Argentina de los años '50. Silvio Mattoni. (2003)

Cosmos y Justicia en la obra de Esquilo. Imágenes literarias y argumentación. G. De Santis. (2003)

Escenas del silencio y la repetición. en la poesía de Samuel Taylor Coleridge. M. Calviño. (2004)

Literatura y Periodismo (1830-1861). Tensiones e interpenetraciones en la conformación de la Literatura Argentina. A. Bocco. (2004)

Filosofía
Signos Vitales. Hacia una comprensión normativa de la mente y el lenguaje. G. Agüero. (2003)

Pluralismo Limitado. Modelo para explicar la diversidad teórica en Ciencias Sociales. P. Morey. (2003)

Historia
Comerciantes contra mercados. Elites mercantiles y política en la Cordoba moderna. Laura Valdemarca. (2003)

Literaturas Latinoamericanas
Políticas y ficciones en sur (1945–1955). Las operaciones culturales en los contextos de "peronización". N. Calomarde. (2004)

Enseñanza de la Lengua y la Literatura
Los textos axplicativos, una aproximación teórica y metodológica para su enseñanza. G. Giménez. (2004).

Colección *Biblioteca Escéptica de Filosofía*

Hobbes y el escepticismo. R. Popkin – R. Tuck.

La presente edición de *La Nueva Metodología de la Ciencia* se terminó de imprimir en Editorial Universitas en el mes de Marzo de 2020.

Impreso en Córdoba, Argentina

UNIVERSITAS

200

www.ingramcontent.com/pod-product-compliance
Lightning Source LLC
Chambersburg PA
CBHW070539220526
45467CB00003B/1001